普通高等教育“十二五”规划教材

C语言程序设计实验与实训教程

主　编　羊四清　袁辉勇

副主编　贺文华　易叶青　唐海波　罗如为

中国水利水电出版社
www.waterpub.com.cn

内 容 提 要

本书结合C语言程序设计的特点，以及初学者学习时的难点，构建了实验、课程设计案例，所有源程序都在Visual C++ 6.0开发环境中进行了严格的测试。

全书共分为两个部分，第一部分为实验，包括9个实验，分别是：编程环境及简单程序的运行、简单的C语言编程、选择结构程序设计、循环结构程序设计、数组、函数、结构体与共用体、指针和文件。每个实验都包含实验目的和要求、实验内容、实验代码等。第二部分为课程设计案例，包括5个课程设计案例，每个案例都包含设计目的、功能描述、总体设计、详细设计、函数设计、源程序代码等。读者可参考课程设计案例与提示实现课程设计，并对程序加以改进和提高。

本书可作为“C语言程序设计”课程实验和课程设计的教材，也可供其他从事软件开发工作的读者参考使用。本书不但适合高等学校本、专科学生使用，而且适合初学程序设计者或有一定编程实践基础的读者作为自学参考用书。

图书在版编目（CIP）数据

C语言程序设计实验与实训教程 / 羊四清，袁辉勇主编. -- 北京 : 中国水利水电出版社，2012.2（2023.1重印）
普通高等教育“十二五”规划教材
ISBN 978-7-5084-9367-1

Ⅰ. ①C… Ⅱ. ①羊… ②袁… Ⅲ. ①C语言－程序设计－高等学校－教材 Ⅳ. ①TP212

中国版本图书馆CIP数据核字(2011)第281449号

策划编辑：雷顺加/周益丹　责任编辑：王玉梅　封面设计：李　佳

书　　名	普通高等教育“十二五”规划教材 C语言程序设计实验与实训教程
作　　者	主　编　羊四清　袁辉勇 副主编　贺文华　易叶青　唐海波　罗如为
出版发行	中国水利水电出版社 （北京市海淀区玉渊潭南路1号D座　100038） 网址：www.waterpub.com.cn E-mail：mchannel@263.net（答疑） sales@mwr.gov.cn 电话：（010）68545888（营销中心）、82562819（组稿）
经　　售	北京科水图书销售有限公司 电话：（010）68545874、63202643 全国各地新华书店和相关出版物销售网点
排　　版	北京万水电子信息有限公司
印　　刷	三河市德贤弘印务有限公司
规　　格	184mm×260mm　16开本　8.5印张　188千字
版　　次	2012年2月第1版　2023年1月第8次印刷
印　　数	16001—18000册
定　　价	16.00元

前　言

C 语言程序设计是高等学校普遍开设的一门计算机基础课程。C 语言是广泛流行的计算机程序设计语言，它具有简洁紧凑、运算能力强、结构化、目标程序质量高、可移植性好、使用灵活方便等特点，既具有高级语言的优点，又具有汇编语言的某些特点，能够有效地用来编制各种系统软件和应用软件。由于 C 语言的灵活性使读者在使用 C 语言进行编程时常常会遇到各种各样的错误与一些异常结果，对所出现的错误与异常如何运用 C 语言的语法规则进行分析与处理是掌握 C 语言的关键所在，这就要求读者加强 C 语言上机训练，通过上机调试对每一个错误与异常从简单到复杂逐一解决，达到运用 C 语言开发应用程序的根本目标，并起到事半功倍的效果。本书作者一直从事 C 语言程序设计的一线教学、研究和软件开发工作，了解初学者对掌握 C 语言程序设计的难点所在，积累并总结了丰富的教学经验，特编写《C 语言程序设计实验与实训教程》。

全书共分为两个部分，第一部分为实验，包括 9 个实验内容，分别是：编程环境及简单程序的运行、简单的 C 语言编程、选择结构程序设计、循环结构程序设计、数组、函数、结构体与共用体、指针和文件。每个实验都包含实验目的和要求、实验内容、实验代码等。结合《C 语言程序设计》教材并通过基础实验的训练，可以达到掌握 C 语言基本语法规则与基本程序的编写目标。第二部分为课程设计案例，课程设计是 C 语言程序设计的一个重要环节，与实验相比，课程设计通常更加接近实际项目的训练，可以在学习理论知识的同时进一步提高解决实际问题的能力，强化综合应用能力，扩充知识，开阔视野。课程设计的项目都有一定的难度，初学者面对课程设计项目通常有不知所措的感觉，为此设计 5 个课程设计案例，分别是学生成绩管理系统、通讯录管理系统、职工管理系统、竞赛自动评分系统、图书管理系统。每个案例都包含设计目的、功能描述、总体设计、详细设计、函数设计、源程序代码等。这些案例难易程度不同，简单的项目可以由一个人单独完成，复杂的项目可由几个人共同完成。

本书讨论的程序都在 Visual C++ 6.0 开发环境中进行了严格测试，并向读者提供了完整的源代码，读者可根据自己的理解，开发出功能更强的应用系统。

本书第一部分的实验一、实验二由罗如为编写，实验三由阙清贤编写，实验四由唐海波编写，实验五由袁辉勇编写，实验六、八由羊四清编写，实验七由易叶青编写，实验九由贺文华编写。第二部分课程设计中的设计一由袁辉勇编写，设计二、设计五由羊四清编写，设计三由刘泽平编写，设计四由唐海波编写。还有其他一些老师对本书的编写给予了宝贵的意见，在此一并表示感谢。

由于编者水平有限，书中难免存在一些疏漏，恳请各位专家和读者批评指正。

编者

2012 年 1 月

目　　录

第一部分　上机实验

实验一　编程环境和简单程序的运行

实验目的和实验要求

1．了解和使用 Visual C++集成开发环境编写运行简单的程序。

2．掌握 C 语言源程序的建立、编辑、修改、保存及编译、运行。

实验内容

1.1　Visual C++ 6.0 编程环境

1．Visual C++ 6.0 界面

Visual C++ 6.0 集成开发环境被划分成 4 个主要区域：菜单栏和工具栏、项目工作区窗口、代码窗口、输出窗口，如图 1-1 所示。

（1）菜单栏。Visual C++菜单栏包含了开发环境中几乎所有的命令，它为用户提供了代码操作、程序的编译、调试、窗口操作等一系列的功能。与一般 Windows 应用程序一样有 File、Edit、View、Insert、Project、Build、Tools、Window、Help 等菜单。

（2）工具栏。通过工具栏，可以迅速地使用常用的菜单命令。最常用的工具栏是标准工具栏，当鼠标指向这些工具时，通常有信息提示工具的含义，因此也比较容易掌握。若要显示或隐藏某个工具栏，则在任一工具栏的快捷菜单中选择相应的命令即可。

（3）项目工作区。项目是开发一个程序时需要的所有文件的集合，而工作区是进行项目组织的工作空间。利用项目工作区窗口可以观察和存取项目的各个组成部分。在 Visual C++中，一个工作区可以包含多个项目。

项目工作区有 Class View、ResourceView 和 File View 三个选项卡，分别用来浏览当前项目所包含的类、资源和文件。

在 Visual C++中，项目中所有的源文件都是采用文件夹的方式进行管理的，它将项目名作为文件夹，在此文件夹下包含源程序代码文件（.c、.h）、项目文件（.dsp）以及项目工作区文件（.dsw）等。若要打开一个项目，只需打开对应的项目工作区文件即可。

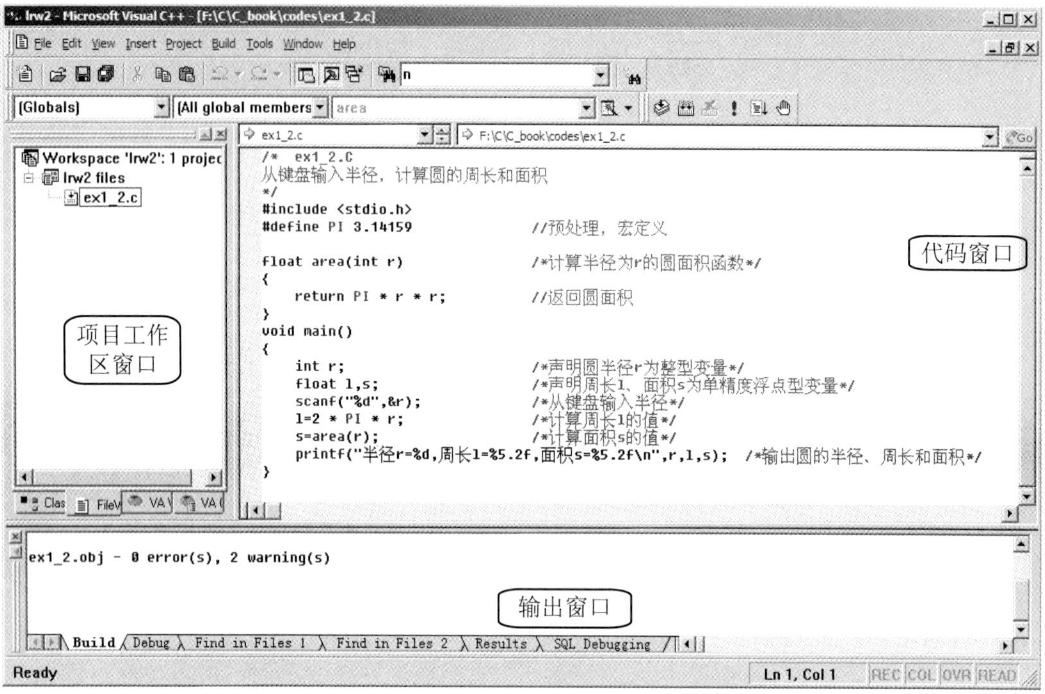

图 1-1　Visual C++ 6.0 集成开发环境

1）Class View：显示当前项目的类，全局的变量和函数也在这里显示。

2）File View：显示当前项目的源文件、头文件、资源文件等。

（4）代码窗口。一般位于开发环境中的右边，各种程序代码的源文件、资源文件、文档文件等都可以通过该窗口显示。

（5）输出区。输出区有多个选项卡，最常用的是 Build。在编译、连接时，这里会显示有关的信息，供调试程序用。

（6）状态栏。状态栏一般位于开发环境的最底部，它用来显示当前操作状态、注释、文本光标所在的行、列号等信息。

2. C 程序的开发过程

在 Visual C++中，一个简单 C 程序的编写、运行过程是：

创建一个空工程 → 创建一个 C 源文件，输入源程序 → 进行编译、连接、运行

操作步骤如下：

（1）创建空工程。

1）选择 File→New 命令，弹出 New 对话框。

2）选择 Projects 选项卡，选择 Win32 Console Application（32 位控制台应用程序），输入工程名：p1_2，确保单选按钮 Create new workspace 被选定，输入工程位置：F:\C\C_BOOK\p1_2（注意 F:\C\C_BOOK 文件夹需要事先创建好），如图 1-2 所示。

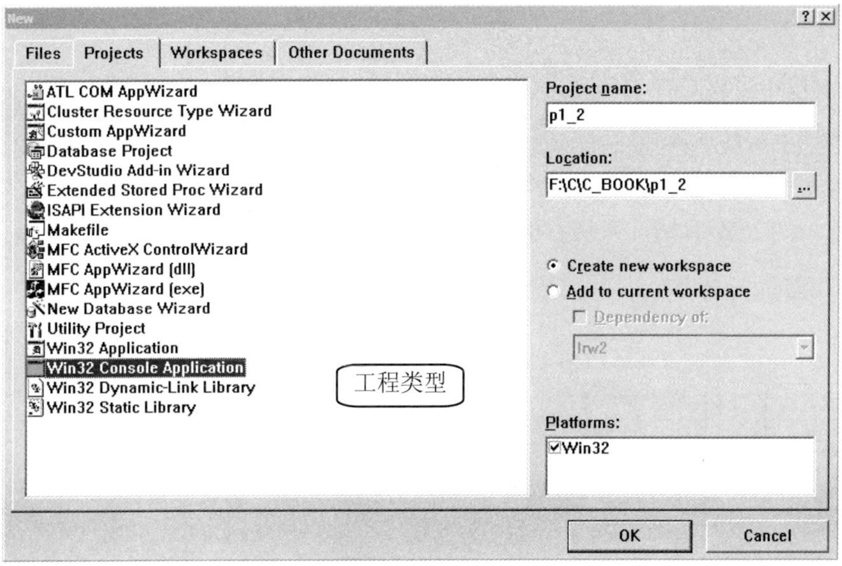

图 1-2　New 对话框

3）在随后弹出的向导对话框中，选择 An empty project，并单击 Finish 按钮，显示新建工程的有关信息。

4）单击 OK 按钮，创建空工程的工作结束。

此时为工程 p1_2 创建了 F:\C\C_BOOK\p1_2 文件夹，并在其中生成 p1_2.dsp、p1_2.dsw、Debug 文件夹（Debug 文件夹用于存放编译、连接过程中产生的文件）。

（2）创建 C 源文件。

1）选择 File→New 命令，弹出 New 对话框。

2）选定 Files 选项卡，选定 C++ Source File，并输入源程序文件名 ex1_2.c，如图 1-3 所示。

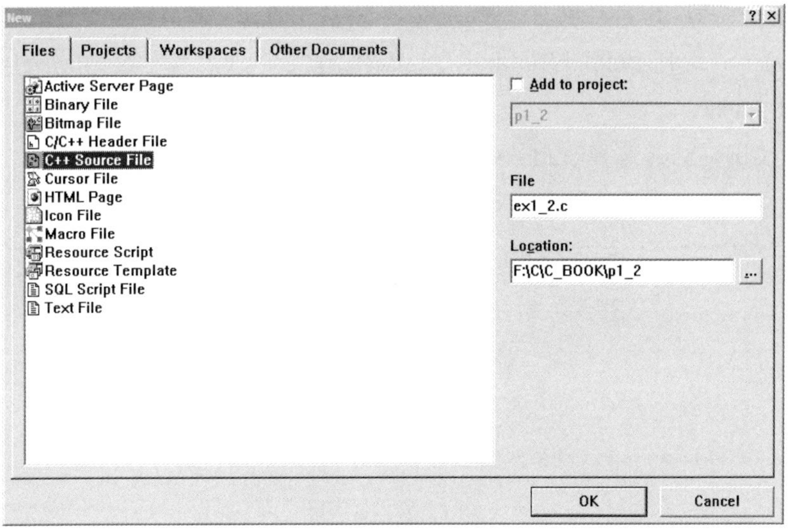

图 1-3　新建 C++ Source File 对话框

3）输入、编辑源程序。

在这个阶段中，F:\C\C_BOOK\p1_2 文件夹中创建了 ex1_2.c。

（3）编译、连接和运行。

选择 Build→Execute p1_2.exe 命令进行编译、连接和运行，会在输出区中显示有关信息，如图 1-4 所示。若程序有错，则进行编辑。

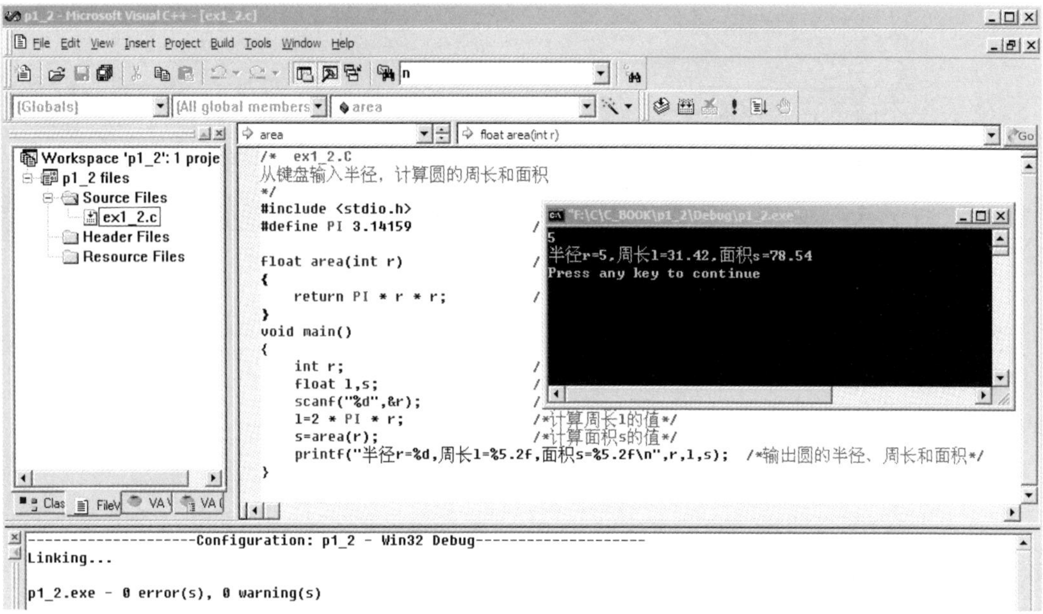

图 1-4 编译和运行的界面

编译、连接和运行可以分别执行。

1）编译（Ctrl+F7）：选择 Build→Compile ex1_2.c 命令，编译结果显示在输出区中，如果没有错误，则生成 ex1_2.obj。

2）连接（F7）：选择 Build→Build p1_2.exe 命令，连接信息显示在输出区中，如果没有错误，则生成 p1_2.exe。

3）运行（Ctrl+F5）：选择 Build→Execute p1_2.exe 命令。

e1_1 工程的文件夹如图 1-5 所示。

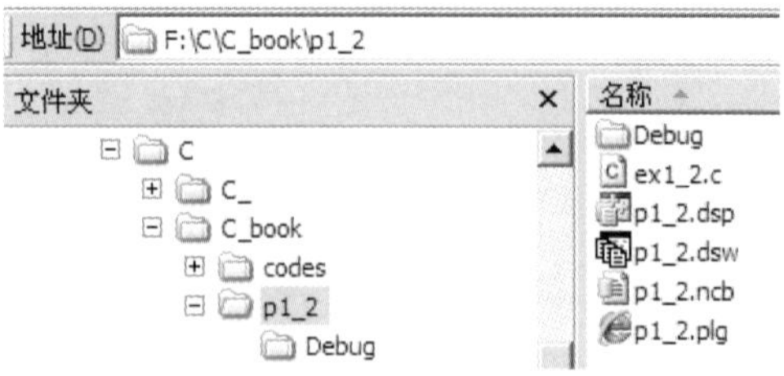

图 1-5 p1_2 工程的文件夹

在 F:\C\C_BOOK\p1_2\Debug 中生成了 ex1_2.obj、p1_2.exe 等文件，如图 1-6 所示。p1_2.obj

是编译后产生的目标代码文件，p1_2.exe 是最终生成的可执行文件。

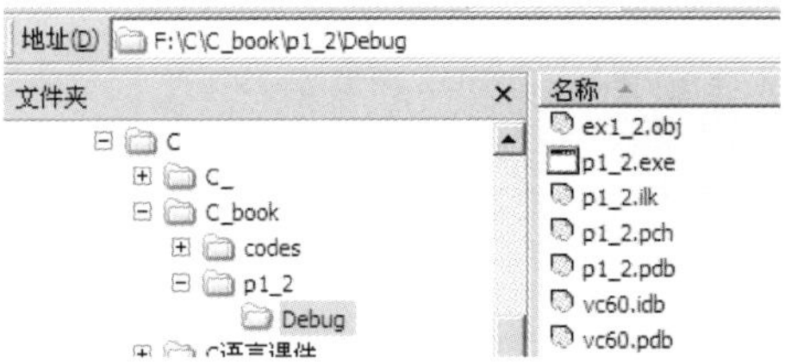

图 1-6　p1_2 工程调试后的 Debug 文件夹

至此，一个简单 C 程序的编写、调试过程结束。

ex1_2.c 文件是最重要的一个文件，源程序保存在这个文件中，其他文件一般都是系统自动生成的。但是，在 Visual C++中，仅有.c 文件是不能直接编译、连接的，需要首先用 Build 命令让系统自动创建一个工程并将 ex1_2.c 文件加入到该工程中，然后才能执行各种操作。因此，程序员可以只复制.c 文件，若要复制整个工程的文件夹，也请删除 Debug 文件夹，因为它占有相当多的存储空间。

1.2　利用 Visual C++ 6.0 编辑和调试下面的程序

【例 1-1】调试并运行如下程序，以更好地掌握宏。（sy1_1.cpp）

```
#include<stdio.h>
#define MIN(x,y)   (x)<(y)?(x):(y)
#define multi(x,y)   x*y
#define div(s)      s/s

main()
{   int i,j,k,t,s;
    i=10;
    j=15;
    k=10*MIN(i,j);
    t=multi(i+j,i-j);
    s=div(3*2);
    printf("%d\n",k);
    printf("%d\n",t);
    printf("%d\n",s);
}
```

程序运行结果如图 1-7 所示。

图 1-7　程序运行结果

【例 1-2】调试并运行如下程序，以更好地掌握宏。（sy1_2.cpp）

```
#include<stdio.h>
//以下是几个简单宏替换预处理指令
```

```
#define YES          1
#define PI           3.1415926
#define RAD          PI/180
#define MESG         "This is a string."
#define PRINT(k)     printf("%d\n",(k))
#define MAX(a,b)     ((a)>(b) ? (a):(b))

//以下是主程序
main() {
    //以下各语句使用了宏替换
    printf("YES=%d\n",YES);
     if (YES)
        printf("PI=%f\n",PI);
     printf("RAD=%f\n",RAD);
    printf("MESG=%s\n",MESG);

    int i=3,j=2;
     PRINT(i);
     PRINT(j);

    //MAX(a,b)宏替换的使用
    printf("MAX(10,12)=%d\n",MAX(10,12));
    printf("MAX(i,j)=%d\n",MAX(i,j));
    printf("MAX(2*i,j+3)=%d\n",MAX(2*i,j+3));

    //PRINT(k)宏替换的使用
    PRINT(5);
    PRINT(MAX(7,i*j));
}
```

程序运行结果如图 1-8 所示。

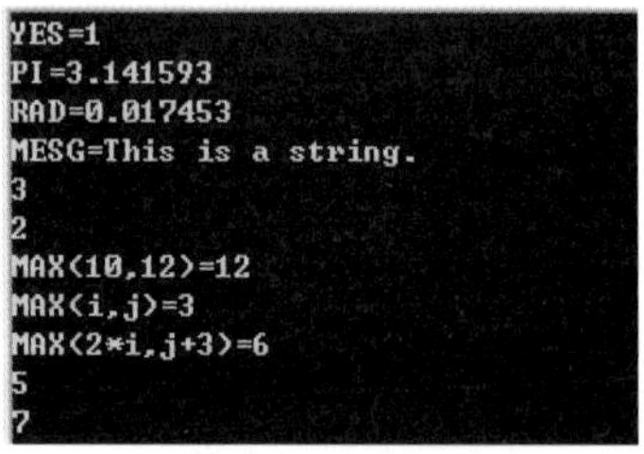

图 1-8　程序运行结果

实验二　简单的 C 语言编程

实验目的和实验要求

1. 掌握 C 语言基本标识符的写法，能正确命名变量和文件。

2．掌握C语言数据类型的基本概念，熟悉如何定义整型、字符型、实型变量。

3．掌握C语言各种类型的常量。

4．学会使用C语言的算术运算符、赋值运算符、逗号运算符，能正确地运用它们构成表达式。

5．掌握不同数据类型的数据混合运算时，数据类型的转换规则。

6．掌握printf()和scanf()函数。

实验内容

【例2-1】分析下面的程序，并上机验证运行结果。（sy2_1.cpp）

程序如下：

```
#include "stdio.h"
void main()
{
    int a, b, c;
    char c1, c2;
    a=97; b=65; c= 3;
    c1='a'; c2= 'A';
    printf("a=%d, b=%d\n", a, b);
    printf("a=%c, b=%c\n", a, b);
    printf("c1=%d, c2=%d\n", c1, c2);
    printf("c1=%c, c2=%c\n", c1, c2);
    printf("c1=%c, c2=%c\n", c1-32, c2+32);
}
```

程序运行结果如图2-1所示。

```
a=97, b=65
a=a, b=A
c1=97, c2=65
c1=a, c2=A
c1=A, c2=a
```

图2-1　程序exp2_1的运行结果

【例2-2】分析下面的程序，并上机验证运行结果。（sy2_2.cpp）

程序代码：

```
#include <stdio.h>
void main()
{
    printf("a\nbc d\tef\r");
    printf("HIJK\tL\bM\n");
}
```

【例 2-3】分析下面的程序，并上机运行。(sy2_3.cpp)

程序代码：

```
#include <stdio.h>
void main()
{
    int i=10,j;

    j=++i + i++;
    printf("i=%d,j=%d\n",i,j);
    printf("++i=%d,i++=%d\n",++i,i++);
    printf("i=%d,j=%d\n",i,j);
    printf("i+j=%d,j++=%d\n",i+j,j++);
    printf("i=%d,j=%d\n",i,j);
    i=10;
    j=(++i)+(i++)+(++i);
    printf("i=%d,j=%d\n",i,j);
    i=10;
    j=(++i)+(++i)+(i++);
    printf("i=%d,j=%d\n",i,j);
}
```

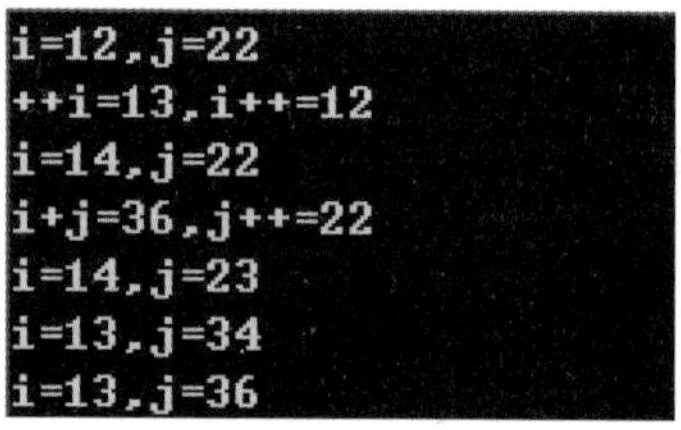

图 2-2　程序 exp2_3 的运行结果

运行程序，结果如图 2-2 所示。

需要认真思考的问题是，表达式中除了运算符本身的优先级外，还有一个结合性问题。在(++i)+(++i)+(i++);中，因为存在两个同级的“＋”运算，根据“＋”运算符的左结合性，在编译时，其实是先处理前面的(++i)+(++i)这部分，然后再将此结果再和(i++)相加。

【例 2-4】分析下面的程序，并上机验证运行结果。(sy2_4.cpp)

程序代码：

```
#include <stdio.h>
void main()
{
    char c= 65;
    int a;
    double d;

    /*自动类型转换*/
    d = 100+'A'+10.0/5*2;
    printf("d=%lf\n",d);

    /*存在赋值类型转换*/
    d = c;
    printf("c =%c,d=%lf\n",c,d);

    /*强制类型转换*/
```

```
    d = 3.14159;
    a = (int)d;
    printf("a=%d\n",a);
}
```

运行结果如图 2-3 所示。

```
d=169.000000
c=A,d=65.000000
a=3
```

图 2-3　程序 exp2_4 的运行结果

思考

1．分析下列程序的运行结果。

```
#include <stdio.h>
void main()
{
    float x=3.5, y=4.5, z;
    int a=8, b=9;
    z=(float)(a+b)/2+(int)x%(int)y;
    printf("z=%.2f\n", z);
}
```

2．分析下列程序的运行结果。

```
#include <stdio.h>
void main()
{
    int a, b, c;
    c=((a=10)%(b=20)<1) && ((a++)+10==++b);
    printf("a=%d,b=%d,c=%d\n", a, b, c);
}
```

3. 编程实现，从键盘输入三个字母，输出其 ASCII 码，如果输入的是小写（或大写）字母，则输出其相应的大写（或小写）字母。

实验三　选择结构程序设计

实验目的和实验要求

1．了解 C 语言表示逻辑量的方法（以 0 代表“假”，以非 0 代表“真”）。

2．学会正确使用逻辑运算符和逻辑表达式。

3．熟练掌握 if 语句和 switch 语句。

实验内容

【例 3-1】以下程序的功能是：从键盘输入一个字符型数据，若输入一个数字字符‘0’～‘9’，则将其转换成相应的整数显示出来；若输入其他字符，则显示出错信息。（sy3_1.cpp）

程序代码：

```
#include<stdio.h>
void main( )
{
      char c;
      scanf("%c",&c);
      if('0'<=c<='9')
            { c=c-'0';
      printf("c=%d\n",c);
            }
            else
      printf("data error!\n");
}
```

实验步骤：

（1）上机调试以上程序；

（2）输入‘0’～‘9’之间的任何字符，验证输出结果是否和程序功能相符合；

（3）输入‘0’～‘9’之外的任何字符，例如，输入字母‘a’，验证输出结果是否和程序功能相符合；

（4）将条件表达式 if('0'<=c<='9')改为 if('0'<=c&&c<='9')，重复（2）、（3）步骤。分析、比较以上的输出结果，总结字符变量 c 的取值在‘0’～‘9’之间在 C 语言编程中的正确描述。

【例 3-2】有一函数

$$y=\begin{cases}x & (x<1)\\ 2x-1 & (1\leqslant x<10)\\ 3x-11 & (x\geqslant 10)\end{cases}$$

用 scanf 函数输入 x 的值，求 y 的值。（sy3_2.cpp）

分析：运行程序，输入 x 的值（分别为 x<1，1~10，x≥10）这 3 种情况，检查输出的值是否正确。

此题类型为调试程序，其中有一些错误，请修改使之运行正确。

```
#include<stdio.h>
void main()
{     int x,y;
      printf("输入 x: ");
      scanf("%d",&x);
```

```
    if(x<1)
    {    y=x;
         printf("x=%3d,   y=x=%d\n",x,y);
    }
    else if (x<10)
         {    y=2*x-1;
              printf("x=%3d,   y=2*x-1=%d\n",x,y);
         }
         else
         {     y=3*x-11;
              printf("x=%3d,y=3*x-11=%d\n",x,y);
         }
}
```

【例 3-3】下列程序的输出结果是_________（要求先分析结果然后上机调试）。（sy3_3.cpp）

```
#include<stdio.h>
main()
{
    int a = 1, b = 0,m=0,n=0;
    switch (a)
    {
        case   1:
            switch (b)
            {
              case 0: m++; break;
              case 1: n++; break;
            }
         case 2: m++; n++;
    }
    printf("a=%d, b=%d\n", a, b);
    printf("m=%d, n=%d\n", m, n);
}
```

思考

1．以下程序求 3 个整数中的最小值，程序是否有错？若有错，请改正。

```
#include<stdio.h>
main()
{     int a,b,c,t;
        scanf("%d,%d",&a,&b);
      if (a>b)&&(a>c)
          if (b<c)
                     printf("min=%d\n",b);
          else
                     printf("min=%d\n",c)
       if (a<b)&&(a<c)
               printf("min=%d\n",a)
```

```
        getchar();
    }
```

2．当 a=1、b=2、c=3、d=4 时，执行下面程序段后，x 的值是________。

```
if(a<b)
    if(c<d)
        x=1;
    else
        if (a<c)
            if(b<d)
                x=2;
            else
                x=3;
        else
            x=6;
else
    x=7;
```

3．有以下程序，输出结果是__________（要求先分析结果然后上机调试）。

```
#include<stdio.h>
main()
{   int a=6,b=7,m=1;
     switch(a%2)
     {   case 0:m++;    break;
        case 1:m++;
           switch(b%2)
           {   defaut:   m++;
              Case 0:   m++;    break;
           }
     }
     printf("%d\n",m);
}
```

4．编程实现，不借助中间变量交换 a 和 b 中的值（提示：a=a+b;b=a-b;a=a-b;）。

5．给一个不多于 5 位的正整数，要求：①求出它是几位数；②分别输出每一位数字；③按逆序输出各位数字，例如原数为 321。

应准备以下测试数据：

- 要处理的数为 1 位正整数；
- 要处理的数为 2 位正整数；
- 要处理的数为 3 位正整数；
- 要处理的数为 4 位正整数；
- 要处理的数为 5 位正整数；
- 除此之外，程序还应当对不合法的输入做必要的处理，例如：输入负数，输入的数超过 5 位（123456）。

实验四　循环结构程序设计

实验目的和实验要求

1．掌握在设计循环结构程序时，设定循环条件及控制循环的次数的方法。

2．了解计数式循环、标记式循环的基本编程方法。

3．掌握在嵌套循环结构中，提高程序效率的方法。

实验内容

【例 4-1】你参加共有 8 门课程的期中考试，请从键盘依次输入这 8 门课程的成绩，由程序统计你的总分与平时成绩。（sy4_1.cpp）

分析：程序处理部分应对每次输入的成绩进行累加，重复累加 8 次后计算得到总分，并根据总分计算出平时成绩。

算法：

1．定义变量并初始化。所需的变量有：获取键盘输入成绩的变量 score，放置成绩总分的变量 totalScore（初值为 0），放置平均成绩的变量 avgScore（初值为 0），注意由于平均成绩的精度需要，各变量最好定义为 float 类型。

2．利用计数式循环重复执行 8 次，每次从键盘读取一门课程成绩，置入 score，并将其累加到总成绩 totalScore 中。为控制循环次数，还需在此处理前定义一个循环控制变量 i，初值为 1。

3．完成循环后，根据总成绩计算出平均成绩，并将总成绩与平均成绩显示出来。

- while 语句实现程序：

```
#include <stdio.h>
void main()
{
    /*变量初始化*/
    float score,totalScore=0,avgScore=0;
    int i=1;
    /*循环处理部分*/
    while(i<=8)
    {
        printf("请输入第%d 门课程的成绩:\t",i);
        scanf("%f",&score);
        totalScore += score;
        i++;
    }
    /*输出结果部分*/
```

```
        avgScore = totalScore / 8;
        printf("\n 你的总成绩是%6.2f,平均成绩是%6.2f\n",totalScore,avgScore);
    }
```

● do…while 语句实现程序：

```
#include <stdio.h>
void main()
{
    float score,totalScore=0,avgScore=0;
    int i=1;
    do
    {
        printf("请输入第%d 门课程的成绩:\t",i);
        scanf("%f",&score);
        totalScore += score;
        i++;
    }while(i<=8);
    avgScore = totalScore / 8;
    /*输出结果部分*/
    printf("\n 你的总成绩是%6.2f,平均成绩是%6.2f\n",totalScore,avgScore);
}
```

● for 语句实现程序：

```
#include <stdio.h>
void main()
{
    float score,totalScore=0,avgScore=0;
    int i=1;
    for(i=1;i<=8;i++)
    {
        printf("请输入第%d 门课程的成绩:\t",i);
        scanf("%f",&score);
        totalScore += score;

    }
    avgScore = totalScore / 8;
    printf("\n 你的总成绩是%6.2f,平均成绩是%6.2f\n",totalScore,avgScore);
}
```

【例 4-2】为扩大此程序的适用范围，请编写程序能够保证在期末考试时（目前还不确定期末考试要测试的课程总门数）也能完成总分和平均分的统计。（sy4_2.cpp）

分析：由于不确定期末考试要进行测试的课程总门数，需要进行重复累加的次数也就无法确定。此次可以让累加不断进行，直到其满足特定的条件。根据测试成绩的特点，可以设计成当从键盘录入的成绩为负数时，就表示所有课程成绩已经输入完毕。此时累加总分工作完成，即可由总分计算平时成绩。由于平均成绩是根据输入课程的门数得到的，就必须在录入成绩时同时记录录入的门数。

● 利用循环控制条件实现程序。

算法：

①定义变量并初始化，利用变量 number 记录课程门数。

②利用标志式循环重复执行，每次从键盘读取一门课程成绩，置入 score，并将其累加到总成绩 totalScore 中，同时将课程门数加 1。为控制循环的反复执行，可将循环控制条件设置为 score≥0，因此 score 变量必须先做初始化并保证其初始值满足循环控制条件。

③完成循环后，由于循环部分无论录入成绩为多少都立即进行了总成绩的累加，即最后一次时肯定将最后那个负数作为单课成绩进行了累加，在结果中就必须将其从总成绩中去除才能得到正确的总成绩。然后再依据总成绩计算出平均成绩，并将总成绩与平均成绩显示出来。

代码：

```
#include <stdio.h>
void main()
{
  /*变量初始化部分*/
   float score=0,totalScore=0,avgScore=0;
   int number=0;
  /*反复执行直到输入一个负数为止*/
   while(score≥0)
   {
       printf("请输入第%2d 门课程的成绩:\t",number+1);
       scanf("%f",&score);
       totalScore += score;
       number++;
   }
 /*注意将总成绩及课程门数还原成正确结果后再计算平均值*/
   totalScore -=score;
   avgScore = totalScore / (number-1);
   /*输出结果部分*/
   printf("\n 你的总成绩是%6.2f,平均成绩是%6.2f\n",totalScore,avgScore);
}
```

- 利用 break 语句实现程序。

算法：

①定义变量并初始化。

②每次从键盘读取一门课程成绩，置入 score，检测其是否为负数，如果不是负数则将其累加到总成绩 totalScore 中，同时将课程门数加 1；否则直接中止循环的执行。

③完成循环后，再根据总成绩计算出平均成绩，并将总成绩与平均成绩显示出来。

代码：

```
#include <stdio.h>
void main()
{
    float score=0,totalScore=0,avgScore=0;
    int number=0;
    /*反复执行直到输入一个负数为止*/
```

```
    while(1)
    {
        printf("请输入第%2d 门课程的成绩:\t",number+1);
        scanf("%f",&score);
        if(score<0)break; /*当 score 为负数时，循环结束，也不用进行成绩累加*/
        totalScore += score;
        number++;

    }
    avgScore = totalScore / number ;
    printf("\n 你的总成绩是%6.2f,平均成绩是%6.2f\n",totalScore,avgScore);
}
```

【例 4-3】请将一系列的星号显示到屏幕，要求第一行显示 1 个星号，第二行显示 3 个星号，第三行显示 5 个星号，最终屏幕上显示 10 行星号，呈现出一个三角形。显示结果如下所示：（sy4_3.cpp）

```
   *
  ***
 *****
 ……
```

分析：在屏幕上显示星号三角形可以分解成两个层次上的重复操作。第一层次是重复处理各行。每行都分成显示前导空格“ ”和显示星号“*”两部分。第二层次是重复显示特定字符（前导空格或星号）。而前导空格和星号的个数可以由其所在的行数来确定，如下所示。

行编号	前导空格数	星号数
第 1 行	10	1
第 2 行	9	3
第 i 行	11-i	2×i-1

程序如下：

```
#include <stdio.h>
void main()
{
    int lineCnt; /*行计数器*/
    int starCnt ;/*星号计数器 */
    int blankCnt; /*前导空格计数器*/

    for(lineCnt =1 ; lineCnt<=10; lineCnt++) /*逐行进行处理*/
    {
        for(blankCnt =(11-lineCnt) ;blankCnt>0;blankCnt--)/*先显示前导空格*/
            printf(" ");
        for(starCnt=1;starCnt<=lineCnt*2-1;starCnt++)/*再显示星号*/
            printf("*");
        printf("\n");/*处理完一行即换行*/
    }
}
```

思考

1．将例 4-1 中计算平均成绩的语句改成：avgScore = totalScore/i;

检查平均成绩的计算结果是否正确？为什么？

2．若例 4-2 中期末考试的课程成绩为负数表示该同学此课程考试缺考，该门课程的成绩（负数）不计入总分，程序该如何编写（提示：可修改循环控制条件，同时可利用 continue 语句来跳过循环体中的累加处理部分）？

3．请利用循环结构编写程序，在屏幕上打印出如下图所示的图形。

```
  *
 ***
*****
 ***
  *
```

```
*******
 ******
  *****
    ***
     **
      *
```

```
-----------
|1|2|3|
-----------
|4|5|6|
-----------
|7|8|9|
-----------
```

实验五　数组

实验目的和实验要求

1．掌握一维数组的定义、数组元素引用的方法。

2．掌握二维数组的定义、数组元素引用的方法。

3．掌握字符数组和字符串函数的使用方法。

实验内容

【例 5-1】从键盘上输入 10 个整数，计算并输出最大值和总和。（sy5_1.cpp）

分析：从键盘上输入整数存入数组中，再对数组元素进行循环求最大值和总和。

程序如下：

```
#include <stdio.h>
void main()
{
    int a[10],i,max,sum;
      for ( i=0; i<10; i++ )
        scanf("%d",&a[i]);
      max=sum=a[0];
```

```
    for ( i=1; i<10; i++)
    {
      sum+=a[i];
      if ( a[i]>max ) max=a[i];
    }
    printf("max=%d,sum=%d\n",max,sum);
}
```

【例 5-2】一个布尔矩阵有一种奇偶性，即矩阵的所有行和列的和都是一个偶数，下面的这个 4×4 的矩阵就具有奇偶性：

1 0 1 0

0 0 0 0

1 1 1 1

0 1 0 1

该矩阵的所有行的和分别为 2、0、4 和 2，它的所有列的和分别为 2、2、2 和 2。而下面的矩阵没有奇偶性：

1 0 1 0

0 0 1 0

1 1 1 1

0 1 0 1

但是可以通过修改第 2 行的第 3 个数，将 1 改为 0 来使之具有奇偶性。而下面的矩阵不仅没有奇偶性，而且不能通过修改某一位（将 0 改为 1，或者将 1 改为 0）来使之具有奇偶性。

1 0 1 0

0 1 1 0

1 1 1 1

0 1 0 1

编写程序，读入一个矩阵，判断它是否具有奇偶性。如果没有奇偶性，是否可以通过修改某一位（将 0 改为 1，或者将 1 改为 0）来使之具有奇偶性。（sy5_2.cpp）

程序如下：

```
#include <stdio.h>
#define N 4
void main()
{
        int a[N][N],row[N]={0},col[N]={0};
        int i,j,r=0,c=0,crow=0,ccol=0;
        for ( i=0; i<N; i++ )
           for ( j=0; j<N; j++ )
           {
                scanf("%d",&a[i][j]);
                row[i]+=a[i][j];
                col[j]+=a[i][j];
           }
```

```
    for ( i=0; i<N; i++ )
    {
        if ( row[i]%2!=0 ) {   r=i; crow++; }
        if ( col[i]%2!=0 ) {   c=i; ccol++; }
    }
    if ( crow==0 && ccol==0 )
        printf("具有奇偶性!\n");
    else   if ( crow==1 && ccol==1 )
            printf("修改第%d 行的第%d 列!\n",r+1,c+1);
        else    printf("没有奇偶性，并且不能修改某一位使之具有奇偶性!\n");
}
```

【例 5-3】输入一个只包含英文大写字母的字符串，统计每个英文大写字母出现的次数。（sy5_3.cpp）

分析：定义一个包含 26 个元素的整型数组，使用该数组保存每个英文大写字母出现的次数。使用 gets 函数从键盘输入字符串，对字符串进行循环，统计每个字母出现的次数。

```
#include <stdio.h>
#include <string.h>
void main()
{
    int a[26]={0},i;
    char str[200];
    gets(str);
    for ( i=0; i<strlen(str); i++ )
        a[str[i]-65]++;
    for ( i=0; i<26; i++)
        if ( a[i]!=0 )   printf("%c:%d\n",i+65,a[i]);
}
```

思考

1．已知数组 a 中有 n 个元素按照从小到大的顺序排列，数组 b 中有 m 个元素按照从大到小的顺序排列。编写程序，将数组 a 和 b 中的所有元素按照从小到大的顺序存入数组 c 中。

2．编写程序，从键盘输入一个 n 阶方阵，判断该 n 阶方阵是否为对称矩阵。

3．从键盘输入两个字符串，编写程序将两个字符串连接起来，不能使用 strcat 函数。

4．从键盘输入一个字符串，编写程序判定该字符串是否为回文串。

实验六　函数

实验目的和实验要求

1．掌握 C 语言函数的定义方法、函数的声明及函数的调用方法。

2．了解主调函数和被调函数之间的参数传递方式。

3．学会使用递归进行编程。

实验内容

【例 6-1】判断一个数是否为超级素数。（sy6_1.cpp）

超级素数：一个素数，去掉个位是素数；去掉个位和十位也是素数；......；直到保留到最高位依然是素数，这个素数称为超级素数。

分析：首先写一个判别 1 个数是否为素数的函数，然后对数 x 进行判定，如是继续判定 x=x/10;直到 x=0，如果每次均是素数，则此数为超级素数。

考虑到数可能比较大，程序中使用了 long 数据类型，素数的判定使用了 sqrt()函数以加快程序执行速度。

程序如下：

```
# include "stdio.h"
#include "math.h"
int   prime(long v)
{   int i,flag=1;
    if(v<=1)
        return 0;
      else
        {for(i=2;i<sqrt(v);i++)
            if (v%i==0)
              {flag=0;break;}
         return flag;
        }
}
main()
{
    long x,t;
    int flag=1;
    scanf("%ld",&x);
    t=x;
    while(x&&flag)
        if (prime(x))
            x=x/10;
        else
            flag=0;
    if (flag)
        printf("%ld is a prime number\n",t);
    else
        printf("%ld is not\n",t);
}
```

【例 6-2】把一个整数 n 按 base（2≤base≤36）进制表示出来，并保存在给定字符串中。

比如 121 用二进制表示得到结果为：1111001。（sy6_2.cpp）

分析：按照十进制转换成 base 进制的转换规则进行考虑，建立一个 numbconv(char *s,int n, int b)函数实现转换过程，其中 s——保存转换后得到的结果，n——待转换的整数，b——进制（2≤b≤36）。

（1）将 n/b 保留余数 n%b；

（2）对 n/b 再次进行转换（递归）；

（3）以反序输出。

程序如下：

```
#include <string.h>
#include <stdio.h>

char *str="0123456789ABCDEFGHIJKLMNOPQRSTUVWXYZ";
void numbconv(char *s,int n, int b)
{
    int len;
    if(n == 0)
    {
        strcpy(s, "");
        return;
    }//递归终止，生成空串
    numbconv(s, n/b, b);//递归调用时 n/b 进行转换
    len = strlen(s);
    s[len] =str[n%b];
    s[len+1] = '\0';
}
void main(void)
{
    char s[20];
    int n, base;
    scanf("%d %d", &n,&base);
    numbconv(s, n, base);
    printf("%s\n", s);
}
```

【例 6-3】一个求斐波那契（Fibonacci）数列的递归例子，数学公式表示为：

$$\mathrm{Fib}(n)=\begin{cases}1 & n\leqslant 1\\ 1 & n\leqslant 2\\ \mathrm{Fib}(n-1)+\mathrm{Fib}(n-2) & n>3\end{cases}\qquad \text{（sy6\_3.cpp）}$$

分析：该公式的基部分（终止条件）有两个，分别是 n≤1 与 n =2，它们可以合并成 n≤2，其结果为 1。

程序如下：

```
#include <stdio.h>
int Fib(int n)
```

```
{
    if (n <= 2)
        return 1;                    //递归终止部分
    else
        return Fib(n-1)+Fib(n-2);    //递归部分，反复修改参数直到递归终止
}
main()
{
    int n;
    for(n=1;n<40;n++)
        printf("Fib(%d)=%d\n",n,Fib(n));
}
```

【例 6-4】输出 12345 的全排列。（sy6_7.cpp）

分析：一个递归算法。

（1）将一维数组初始化，第 0 位填 1，第 1 位填 2，……，第 n-1 位填 n；

（2）将第一个字符依次与后 n-1 个字符交换值，每次交换得到一个新的首数字；

（3）对剩下的 n-1 个数字进行全排列；

（4）对原已交换的数据重新交换回来，以实现下一轮的操作。

```
#include <stdio.h>
inline void Swap(char * a, char * b)
{//交换 a 和 b
    char temp = *a;
    *a = *b;
    *b = temp;
}

void Perm(char list[], int k, int m)
{ //生成 list [k:m ]的所有排列方式
    int i;
    if (k == m)
    {
        //输出一个排列方式
            for (i = 0; i <= m; i++)
                putchar(list[i]);
            putchar('\n');
    }
    else //list[k:m ]有多个排列方式
            for (i=k; i <= m; i++)
        {
                Swap (&list[k], &list[i]); //依次将 1，2，…，n 放入 list 表的第 1 个位置
                Perm (list, k+1, m);       //递归地产生这些排列方式
                Swap (&list [k], &list [i]); //将表复原，以进行下一次递归
            }
}
int main()
```

```
{
    char s[]="12345";
    Perm(s, 0, 4);
    return 0;
}
```

思考

在例 6-1 的基础上，求出所有 8 位数中的超级素数。

分析：由于 8 位数的个数较多，为节省程序运行时间，现对超级素数的构成进行分析：

（1）素数一定不能是 1。给定的数若为超级素数，则高位不能是 1。

（2）素数一定不能被 2 整除（2 除外）。给定的数若为超级素数，则各位数字不能含有 0,2,4,6,8（高位 2 除外）。

（3）素数一定不能被 5 整除（5 除外）。给定的数若为超级素数，则各位数字不能含有 0,5（高位 5 除外）。

（4）经过分析，有这样的结论：

①高位可能为 2、3、5、7，而绝对不能是 0、1、4、6、8、9；

②除高位外的其他各位数字可能是 1、3、7、9，而绝对不能是 0、2、4、5、6、8。

这样在数的构造上进行考虑，可以大大缩短程序运行的时间。

程序如下：

```
# include "stdio.h"
#include "math.h"
#include "time.h"

int a[4]-{2,3,5,7};
int b[4]={1,3,7,9};

int   prime(long v)
{   long i,flag=1;
    if(v<=1)
        return 0;
      else
        {for(i=2;i<sqrt(v);i++)
            if (v%i==0)
                {flag=0;break;}
          return flag;
    }
}

int superprime(long x)
{
    int flag=1;
    while(x&&flag)
        if (prime(x))
```

```
                x=x/10;
            else
                flag=0;
        return flag;
}

void creatnumber(int n)
{
    int a1,a2,a3,a4,a5,a6,a7,a8;
    int i1,i2,i3,i4,i5,i6,i7,i8;
    long x;
      for(a1=a[0],i1=0;i1<4;++i1,a1=a[i1])
          for(a2=b[0],i2=0;i2<4;++i2,a2=b[i2])
            for(a3=b[0],i3=0;i3<4;++i3,a3=b[i3])
              for(a4=b[0],i4=0;i4<4;++i4,a4=b[i4])
                for(a5=b[0],i5=0;i5<4;++i5,a5=b[i5])
                  for(a6=b[0],i6=0;i6<4;++i6,a6=b[i6])
                    for(a7=b[0],i7=0;i7<4;++i7,a7=b[i7])
                      for(a8=b[0],i8=0;i8<4;++i8,a8=b[i8])
                      {
x=(((((((a1*10+a2)*10+a3)*10)+a4)*10+a5)*10+a6)*10+a7)*10+a8;
                          if (superprime(x))
                           printf("%ld,",x);
                      }
}

main()
{     long t1,t2;
      t1=clock();
    int n=8;
    creatnumber(n);
      t2=clock();
    printf("\n Time-consuming    %f second\n",(t2-t1)/1000.00);
}
```

运行结果为：

```
23399339     29399999     37337999     59393339     73939133
Time-consuming   5.906   second
```

如何将此问题推广到对任意 n 位（n<9）的数均能执行？

实验七　结构体与公用体

实验目的和实验要求

1．理解并掌握结构体类型的定义。

2．掌握结构体变量、数组、指针变量的定义、初始化和引用方法。

3．了解共用体、枚举型数据的概念和使用方法。

实验内容

【例 7-1】在程序的空缺处填上适合的语句，并上机验证。（sy7_1.cpp）

（1）设有三人的姓名和年龄存在结构数组中，以下程序输入三人中年龄居中者的姓名和年龄，请在________内填入正确内容。

```
#include<stdio.h>
static struct man
{
    char name[20];
    int age;
} person[]={"li-ming",18,
             "wang-hua",19,
             "zhang-ping",20
             };
main()
{
      int i,j,max,min;
      max=min=person[0].age;
      for(i=1;i<3;i++)
      {
            if(person[i].age<max) ______A________ ;
            if(person[i].age<min) ______B________;
      }
      for(i=0;i<3;i++)
            if(person[i].age!=max __C__ person[i].age!=min)
            {
                  printf("%s %d\n",person[i].name,person[i].age);
                  break;
            }
}
```

参考答案：

A：max=person[i].age　　B：min=person[i].age　　C：&&

【例 7-2】以下程序用“比较计数”法对结构数组 a 按字段 num 进行降序排列。“比较计数”法的基本思想是：通过另一字段 con 记录 a 中小于某一特定关键字的元素的个数。待算法结束，a[i].con 就是 a[i].num 在 a 中的排序位置。请在________内填入正确内容。（sy7_2.cpp）

```
#include <stdio.h>
#define N 8
struct c
{
    int num;
    int con;
```

```
} a[16];

main()
{int i,j;
 for(i=0;i<N;i++)
    {scanf("%d",&a[i].num);
     a[i].con=0;
    }
 for(i=N-1;i>=1;i--)
    for(j=i-1;j>=0;j--)
      if(a[i].num<a[j].num)
          ____A____;
      else  ____B____;
 for(i=0;i<N;i++)
      printf("%d,%d\n",a[i].num,a[i].con);
}
```

参考答案：

A：a[j].con++　　　　　B：a[i].con++

【例 7-3】以下程序用以读入两个学生的情况存入结构数组。每个学生的情况包括：姓名，学号，性别。若是男同学，则还登记视力正常与否（正常用 Y，不正常用 N）；对女生则还登记身高和体重。请在__________内填入正确内容。（sy7_3.cpp）

```
#include<stdio.h>
struct
  {  char name[10];
     int number;
     char sex;
     union body
       {    char eye;
            struct
             {
                  float hength;
                float weight;
             }f;
       }body;
  }per[2];
main()
{  int i;
 for (i=0;i<2;i++)
 {
       printf("请输入姓名 学号 性别(m-男，f-女):");
       scanf("%s %d %c",&per[i].name,&per[i].number,&per[i].sex);
       if(per[i].sex=='m')
       {
            getchar();
             printf("请输入视力(y-正常，n-不正常):");
             scanf("%c",____A____);
```

```
        }
        else if(per[i].sex=='f')
        {
            printf("请输入身高　体重:");
            scanf("%f %f",_____B_____ ,_____C_____);
        }
        else printf("input error\n");
 }
 for (i=0;i<2;i++)
 {
        printf("姓名：%s\n 学号：%d\n 性别%c",per[i].name,per[i].number,per[i].sex);
        if(per[i].sex=='m')
            printf("视力：%c\n",per[i].body.eye);
        else
            printf("身高：%f\n 体重：%f\n\n",per[i].body.f.hength,per[i].body.f.weight);
 }
}
```

参考答案：

A：&per[i].body.eye　　B：&per[i].body.f.hength　　C：&per[i].body.f.weight

【例 7-4】上机运行如下程序，并分析程序运行结果。(sy7_4.cpp)

```
#include <stdio.h>
main()
{ struct EXAMPLE
  {    union {
              int x;
              int y;
           } in;
       int a;
       int b;
    } e;
    e.a=1;   e.b=2;
    e.in.x=e.a*e.b;
    e.in.y=e.a+e.b;
    printf("%d,%d",e.in.x,e.in.y);
}
```

程序的运行结果是 3,3。

【例 7-5】上机运行如下程序，并分析程序运行结果。(sy7_5.cpp)

```
#include <stdio.h>
 main()
{
union EXAMPLE
    {
       struct
       {
         int x;
```

```
            int y;
          }in;
          int a;
          int b;
        }e;
e.a=1;
e.b=2;
e.in.x=e.a*e.b;
e.in.y=e.a+e.b;
printf("%d %d",e.in.x,e.in.y);
}
```

程序的运行结果是 4 8。

【例 7-6】上机运行如下程序，并分析程序运行结果。（sy7_6.cpp）

```
#include "stdio.h"
struct w
    {char low;
    char high;
    };
union u
    {struct w byte;
int word;
    }uu;
main()
{uu.word=0x1234;
  printf("Word value: %04x\n",uu.word);
  printf("High value: %02x\n",uu.byte.high);
  printf("Low value: %02x\n",uu.byte.low);
  uu.byte.low=0xff;
  printf("Word value: %04x\n",uu.word);
}
```

程序的运行结果为：

```
Wprd va1ue:   1234
High value:   12
low value:   34
Word value:   12ff
```

【例 7-7】上机运行如下程序，并分析程序运行结果。（sy7_7.cpp）

```
enum coin { penny,nickel,dime,quarter,half_dollar,dollar};
char name[][15]={"penny","nickel","dime","quarter","hal_fdollar","dollar"};
main()
{
   enum coin money1,money2;
   money1=dime;
   money2=dollar;
printf("%d %d\n",money1,money2);
```

```
printf("%s %s\n",name[(int)money1],name[(int)money2]);
}
```

程序的输出结果为：

```
2 5
dime dollar
```

【例 7-8】上机运行如下程序，并分析程序运行结果。（sy7_8.cpp）

```
typedef int INT;
main()
{INT a,b;
 a=5;
 b=6;
 printf("a=%d\tb=%d\n",a,b);
 {
 float INT;
 INT=3.0;
 printf("2*INT=%.2f\n",2*INT);
 }
}
```

程序的输出结果为：

```
a=5 b=6
2*INT=6.00
```

思考

1．2012 年的元旦是星期日。试用结构体编程在主函数里反复输入 2012 年的某一天，调用函数 WeekNum 计算并输出这一天是星期几，直到输入的月份、天数为 0 时结束。函数 WeekNum 的原型是：

```
unsigned char *WeekNum(struct ymd OneDay);
```

函数 WeekNum 的返回值是 OneDay 所对应的星期名称。星期名称由 WeekNum 内部定义的数组 WeekName 给出。

```
#include <stdio.h>
struct ymd
{
    unsigned short year;
    unsigned short month;
    unsigned short day;
};
int cal_day(struct ymd MyDate)
{
     int i, sum=0, days[]={31,28,31,30,31,30,31,31,30,31,30,31};

     for(i=0; i<__________; i++)
```

```
            sum += days[i];
        if(MyDate.month>2)
            sum=sum+MyDate.day+__________;
        else
            sum=sum+MyDate.day;
        return sum;
    }
    unsigned char *WeekNum (struct ymd OneDay)
    {
        int weeks=0,days;
        static char *WeekName[7]={"星期日","星期一","星期二","星期三",
            "星期四","星期五","星期六"};
        days=cal_day(OneDay);
        return WeekName[__________];
    }
```

①分析程序，将程序补充完整，编写 main()函数调用 WeekNum。

②要求任意年的一天是星期几，程序应该如何修改？

2．请用计算机模拟 100 名选举人对张三、李四、周五、郑六 4 个竞选人投票。计算机随机唱票，试编程统计 4 人得票情况，最后输出统计结果。

提示：计算机唱票可编写一个函数，利用随机数每次生成 0～3 的数字，返回对应的竞选人名字。

```
#include <stdio.h>
#include <stdlib.h>                         //包含 rand()函数说明
#include <time.h>
#include <string.h>
char *vote( void )
{
    int i;
    static char name[][8]={"张三", "李四", "周五", "郑六"};
    i= 4 *rand()/ RAND_MAX +0;          //产生随机数
    return name[i];
}
void main( void )
{
    ________________;
    int i, j;
    char    *leader_name;

    //用当前时间种子重置随机数生成器，使每次运行生成不同的随机数
    srand( (unsigned)time( NULL ) );
    for(i=1;i<=100;i++)
    {
        leader_name=vote(); //计算机唱票
```

```
        for(j=0; j<4; j++)
            if(strcmp(leader_name, leader[j].name)==0)
                leader[j].count++;
    }
    puts("选举结果\n 选举人\t 得票数");
    for(i=0;i<4;i++)
        printf("%5s\t%4d\n", leader[i].name, leader[i].count);
}
```

根据题目要求分析程序功能，给出结构体类型和变量的组织方法，将程序补充完整。

实验八　指针

实验目的和实验要求

1．掌握 C 语言指针的应用。

2．掌握指针作为函数时的参数传递方式。

3．掌握链表的建立、插入、删除、查找等基本方法。

实验内容

【例 8-1】奇数阶魔方构造方法：Siamese 构造法。（sy8_1.cpp）

设 n=2*m+1，m 为自然数。

（1）将数字 1 填在(0,(n+1)/2)（要注意 C 语言中是下标从 0 开始）；

（2）从左上往右下依次填；

①列的下标出界（超过 n-1）时，行加 1，以 n 为模的余数为应填的列数；

②行的下标出界（超过 n-1）时，列加 1，以 n 为模的余数为应填的行数；

③行列都未出界，但已添上其他数，应在当前位置左横移一个位置进行填数。

程序如下：

```
#include "stdio.h"
/*奇数阶魔方采用 Siamese 构造方法*/
void    oddCreate(int (*p)[19],int N)
{
     int    i,j,value,maxValue;
     i=0;
     j=N/2;
     value=1;
     maxValue=N*N;
     while(value<=maxValue)
```

```
        {
                *(*(p+i)+j)=value;
                if(value%N==0)
                        i++;
                else
                {
                        i--;
                        j++;
                        if(i<0)   i+=N;
                        if(j>=N)   j-=N;
                }
                value++;
        }
}

main()
{
    int n,i,j;
    int a[19][19];
    scanf("%d",&n);
    while(n%2==0)
    {
        printf("please input an odd number(3<=n<20):");
          scanf("%d",&n);
    }
     oddCreate(a,n);
    for(i=0;i<n;i++)
    {
        for(j=0;j<n;j++)
            printf("%5d",a[i][j]);
        printf("\n");
    }
}
```

【例 8-2】编写函数 fun，函数的功能是：从字符串中删除指定的字符。同一字母的大、小写按不同字符处理。

若程序执行时输入字符串为 turbo c and borland c++，再从键盘上输入字符 n，则输出后变为 turbo c ad borland c++。如果输入的字符在字符串中不存在，则字符串照原样输出。（sy8_2.cpp）

程序如下：

```
#include "stdio.h"

void fun(char *s,char c)
{
    char *q=s;
```

```
    for(; *q; q++)
        if(*q != c)
            *(s++)=*q;
    *s=0;
}

main()
{
  static char str[]="turbo c and borland c++";
  char ch;
  printf("原始字符串:%s\n", str);
  printf("输入一个字符:");
  scanf("%c",&ch);
  fun(str,ch);
  printf("str[]=%s\n",str);
}
```

【例 8-3】函数 fun 的功能是：将仅在字符串 s 中出现而不在字符串 t 中出现的字符，和同时在两个字符串中出现的字符，中间以“-”构成一个新字符串放在 u 中，u 中的字符按原字符串中字符顺序排列，不去掉重复字符。（sy8_3.cpp）

```
#include "stdio.h"
#include "string.h"

void fun (char *s, char *t, char *u)
{
    int i,j,sl,tl;
    char *p;
    sl=strlen(s);tl=strlen(t);
    for (i=0; i<sl;i++)
    { for (j=0; j<tl;j++)
            if (s[i] == t[j]) break;
      if (j==tl)
            *u++=s[i];
    }
      *u++='-';
    while(*t)
    {     p=s;
        while(*p)
            if (*t==*p++) break;
        if (*p!='\0')
            *u++=*t;
        t++;
    }
     *u='\0';
```

```
}

main()
{ char s[100], t[100], u[100];
printf("\nPlease enter string s:"); scanf("%s", s);
printf("\nPlease enter string t:"); scanf("%s", t);
fun(s, t, u);
printf("The result is: %s\n", u);
}
```

【例 8-4】单链表的操作，主要包括链表的创建、插入、查找、删除、释放结点等一系列操作。(sy8_4.cpp)

为方便链表操作，通常设立一个头结点，该结点为链表的第一个结点，它不存放任何数据，但指向实际数据链表的第一个结点。带头结点的链表具有插入、删除操作更加方便。

```
#include <stdio.h>
#include <stdlib.h>

//给 char 类型定义别名 datatype
typedef char datatype;

//定义链表结点类型
typedef struct node
{
        datatype data;
        struct node *next;
}linklist;

//函数声明部分
linklist* CreatList();
linklist* Get(linklist*, int);
linklist* Locate(linklist*, datatype);
void PrintList(linklist*);
void InsertAfter(linklist*, datatype);
void InsertBefore(linklist*, int, datatype);
void DeleteAfter(linklist*);
void Deleter(linklist*, int);
void FreeList(linklist*);

int main()
{
        int pos;
        datatype value;

        //测试创建链表函数
```

```
printf("请输入一串字符,以 $ 结束\n");
linklist *head, *p;
head = CreatList();

//测试打印链表函数
printf("\n 打印链表\n");
PrintList(head);

//测试按序号查找函数
printf("\n 请输入要查找的结点序号:\n");
scanf("%d", &pos);
getchar();
p = Get(head, pos);
if(p != NULL)
{
        printf("%c\n", p -> data);
}
else
{
        printf("Can't Get This Key!\n");
}

//测试按值查找函数
printf("\n 请输入要查找的值:\n");
scanf("%c", &value);
p = Locate(head, value);
if(p != NULL)
{
        printf("%c\n", p -> data);
}
else
{
        printf("Can't Get This Key!\n");
}

//测试插入结点函数
printf("\n 你想在第几个结点前插入？ \n");
scanf("%d", &pos);
getchar();
printf("请输入要插入的值\n");
scanf("%c", &value);
InsertBefore(head, pos, value);
PrintList(head);
```

```
        //测试删除结点函数
        printf("\n 你想删除第几个结点？ \n");
        scanf("%d", &pos);
        Deleter(head, pos);
        PrintList(head);

        //销毁链表
        FreeList(head);

        //system("pause");
        return 0;
}

//带头结点后插法创建链表函数
linklist* CreatList()
{
        datatype key;
        //head 为头指针，s 为新结点，r 为尾指针
        linklist *head, *s, *r;
        head = (linklist*) malloc(sizeof(linklist));
        r = head;
        key = getchar();
        //遇到 $ 就停止创建
        while(key != '$')
        {
                s = (linklist*) malloc(sizeof(linklist));
                s -> data = key;
                //新结点插入表尾
                r -> next = s;
                //尾指针指向新的表尾
                r = s;
                key = getchar();
        }
        r -> next = NULL;
        //返回头指针
        return head;
}

//打印链表函数
void PrintList(linklist* head)
{
        linklist *p;
        p = head -> next;
        while(p != NULL)
```

```
        {
                printf("%c", p -> data);
                p = p -> next;
        }
        printf("\n");
}

//查找链表中第 i 个结点
linklist* Get(linklist* head, int i)
{
        //j 为扫描计数器
        int j = 0;
        linklist *p;
        //p 指向头结点
        p = head;
        //到达表尾或序号不合法就退出循环
        while((p -> next != NULL) && (j < i))
        {
                p = p -> next;
                j++;
        }
        if (i == j)
        {
                return p;
        }
        else
        {
                return NULL;
        }
}

//在链表中查找值 key 并返回所在结点
linklist* Locate(linklist* head, datatype key)
{
        linklist *p;
        //p 指向开始结点
        p = head -> next;
        while(p != NULL)
        {
                if(p -> data != key)
                {
                        p = p -> next;
                }
                else
```

```
                {
                        break;
                }
        }
        return p;
}

//在结点 p 后插入 key
void InsertAfter(linklist* p, datatype key)
{
        linklist *s;
        s = (linklist*) malloc(sizeof(linklist));
        s -> data = key;
        //先将 s 指向后一个结点，再将前一个结点指向 s
        s -> next = p -> next;
        p -> next = s;
}

//将 key 插入链表第 i 个结点之前
void InsertBefore(linklist* head, int i, datatype key)
{
        linklist *p;
        int j = i - 1;
        //找到第 i-1 个结点 p
        p = Get(head, j);
        if (p == NULL)
        {
                printf("Insert Error!\n");
        }
        else
        {
                //将 key 插入结点 p 之后
                InsertAfter(p, key);
        }
}

//删除 p 结点的后继结点
void DeleteAfter(linklist* p)
{
        linklist *r;
        //r 指向要删除的结点
        r = p -> next;
        //将 p 直接与 r 下一个结点链接
        p -> next = r -> next;
```

```
        //释放结点 r
        free(r);
}

//删除链表的第 i 个结点
void Deleter(linklist* head, int i)
{
        linklist *p;
        int j = i - 1;
        //找到第 i-1 个结点 p
        p = Get(head, j);
        if ((p != NULL) && (p -> next != NULL))
        {
                //删除 p 的后继结点
                DeleteAfter(p);
        }
        else
        {
                printf("Delete Error!\n");
        }
}

//递归释放单链表
void FreeList(linklist* p)
{
        if (p -> next != NULL)
        {
                FreeList(p -> next);
        }
        free(p);
}
```

实验九 文件

实验目的和实验要求

1．掌握文件和文件指针的概念以及文件的定义方法。

2．掌握文件的打开、关闭、读、写、定位等函数对文件进行简单的操作。

3．运用文件操作函数完成一个完整的文件操作流程。

实验内容

文件是操作系统中的一个重要的对象，无论是程序、数据都是以文件的形式保存。在应用程序中所处理的数据如果需要保留，或是更新已有数据时，均需要通过文件进行处理，因此，掌握文件操作是程序设计中一个十分重要和必要的环节。

实验内容主要是掌握文件的打开、关闭、读、写、定位等函数的综合运用。在应用中要求灵活掌握文件中用于指示当前位置的指针的使用，因为对文件的读、写操作均是以此指针所指位置开始进行。因此能否正确移动文件位置指针直接影响在文件中读、写数据的正确性。

【例 9-1】以 w、w+、r 打开文件对文件进行读写操作的影响。（sy9_1.cpp）

```
#include <stdio.h>
FILE *stream, *stream2;
void main( void )
{
    int numclosed;
    int c;
    if((stream=fopen("data.dat","w")) == NULL)      //以只写方式创建文件 data
        printf( "The file 'data' was not opened.\n" );
    else
    {
        printf( "The file 'data' was opened with write mode.\n" );

        if (fputc('A', stream)==EOF)                //写入一个字符
            printf("1.Write 'A' to 'data' was error.\n");
        //文件位置指针指向文件头
        fseek(stream,0L,SEEK_SET);
        if (fgetc(stream)==EOF)                     //读出一个字符，因以只写方式创建，所示不能读
            printf("2.Read a char from 'data' was error.\n");
        //关闭文件
        fclose( stream );
    }
    //只读打开（如果文件不存在将打开失败）
    if( (stream   = fopen( "data.dat", "r" )) == NULL )
        printf( "\nThe file 'data' was not opened.\n" );
    else
    {
        printf( "\nThe file 'data' was opened with read mode.\n" );
        if (fputc('A', stream)==EOF)                //以读方式打开的文件不能写
            printf("3.Write 'A' to 'data' was error.\n");
        fseek(stream,0L,SEEK_SET);
        if (fgetc(stream)==EOF)
            printf("4.Read a char from 'data' was error.\n");
```

```
    }
    //以读写方式打开文件 data2
    if( (stream2=fopen("data2.dat","w+"))==NULL)
        printf( "\nThe file 'data2......' was not opened.\n" );
    else
    {
        if (fputc('A', stream2)==EOF)          //写入一个字符
            printf("5.Write 'A' to 'data2' was error.\n");
        else
            printf("6.Write 'A' to 'data2' was sucessed.\n");
        fseek(stream2,0L,SEEK_SET);
        if ((c=fgetc(stream2))==EOF)
            printf("7.Read a char from 'data2' is error\n");
        else
            printf("8.Read %d from 'data2' is sucessed.\n",c);
    }
    if( fclose( stream ) )
        printf( "\nThe file 'data' was not closed.\n" );
    //关闭其他剩余已打开的文件
    numclosed = _fcloseall( );
    printf( "\nNumber of files closed by _fcloseall: %u\n", numclosed );
}
```

观察并写出运行结果，分析其原因。

【例 9-2】对 data.dat 文件写入 100 条记录。（sy9_2.cpp）

```
#include "stdio.h"
main()
{
    FILE *fp;
    int i;
    float x;
    fp=fopen("date.dat","w");
    for(i=1;i<=100;i++)
    {
        scanf("%f",&x);
        fprintf(fp,"%f\n",x);
    }
    fclose(fp);
}
```

自己编程输出 100 条记录，观察并写出运行结果。

【例 9-3】设有一文件 cj.dat 存放了 50 个人的成绩（英语、计算机、数学），存放格式为：每人一行，成绩间由逗号分隔。计算三门课平均成绩，统计个人平均成绩大于或等于 90 分的学生人数。（sy9_3.cpp）

```
#include "stdio.h"
main()
{
    FILE *fp;
    int num=0;
    float x , y , z , s1 , s2 , s3 ;
    fp=fopen ("cj.dat","r");
    while(!feof(fp))
    {
        fscanf (fp,"%f,%f,%f",&x,&y,&z);
        s1=s1+x;
        s2=s2+y;
        s3=s3+z;
        if((x+y+z)/3>=90)
            num=num+1;
    }
    printf("分数高于 90 的人数为：%2d",num);
    fclose(fp);
}
```

观察运行结果，并分析结果的形成。

【例 9-4】统计上题 cj.dat 文件中每个学生的总成绩，并将原有数据和计算出的总分数存放在磁盘文件 stud 中。（sy9_4.cpp）

```
#include "stdio.h"
main()
{
    FILE *fp1,*fp2;
    float x,y,z;
    fp1=fopen("cj.dat","r");
    fp2=fopen("stud","w");
    while(!feof(fp1))
    {
        fscanf (fp1,"%f,%f,%f",&x,&y,&z);
        printf("%f,%f,%f,%f\n",x,y,z,x+y+z);
        fprintf(fp2,"%f,%f,%f,%f\n",x,y,z,x+y+z);
    }
    fclose(fp1);
    fclose(fp2);
}
```

现场调试，体会编程思路，并把运行结果记下来。

思考程序是否有不同的编写思路或者运行结果。

【例 9-5】以读写方式打开文件 fread.out，写入 26 个字符（倒写英文字母 z~a），关闭文件。以只读方式打开该文件，读取 26 个字符并显示读取的结果，最后关闭文件。（sy9_5.cpp）

```
#include <stdio.h>
void main( void )
{
    FILE *stream;
    char list[30];
    int   i, numread, numwritten;
    //以文本读写模式打开（创建）文件
    if( (stream = fopen( "fread.out", "w+t" )) != NULL )
    {
        for ( i = 0; i < 26; i++ )
            list[i] = (char)('z' - i);
        //往文件中写入 26 个字符
        numwritten = fwrite( list, sizeof( char ), 26, stream );
        printf( "Wrote %d items\n", numwritten );
        fclose( stream );
    }
    else
        printf( "Problem opening the file\n" );
    if( (stream = fopen( "fread.out", "r+t" )) != NULL )
    {
        //试图从文件中读取 26 个字符并显示读取结果
        numread = fread( list, sizeof( char ), 26, stream );
        printf( "Number of items read = %d\n", numread );
        printf( "Contents of buffer = %.26s\n", list );
        fclose( stream );
    }
    else
        printf( "File could not be opened\n" );
}
```

观察运行结果，并分析结果的形成。

【例 9-6】从键盘读入 3 位同学的姓名、数学成绩、物理成绩和化学成绩，并计算总分后输出到文本文件 student.dat 中。3 位同学的姓名、数学成绩、物理成绩和化学成绩如下：

John 78.50 85.50 90.00

Bob 89.50 91.00 82.00

Lili 82.50 90.00 87.00

（sy9_6.cpp）

程序：

```
#include "stdio.h"
#include "stdlib.h"
void main()
{
      FILE *fpFile;
      float fPhyscial,fMath,fChemical;
```

```
    float fTotal;
    char szName[20];
    int i;
    if((fpFile=fopen("student.dat","w"))==NULL)
    {
        printf("Open file failed!\n");
        exit(0);
    }
    printf("Name\tPhyscial\tMath\tChemical\n");
    for(i=0;i<3;i++)
    {
        scanf("%s%f%f%f",szName,&fPhyscial,&fMath,&fChemical);
        fTotal=fPhyscial+fMath+fChemical;
        fprintf(fpFile,"%s\t%2.2f\t%2.2f\t%2.2f\t%2.2f\n",szName,fPhyscial,fMath, fChemical,fTotal);
    }
    fclose(fpFile);
    if((fpFile=fopen("student.dat","r"))==NULL)
    {
        printf("Open file failed!\n");
        exit(0);
    }
    printf("Name\tPhyscial\tMath\tChemical\tTotal\n");
    while(!feof(fpFile))
    {
        fscanf(fpFile,"%s%f%f%f",szName,&fPhyscial,&fMath,&fChemical,&fTotal);
        printf("%s\t%2.2f\t\t%2.2f\t%2.2f\t%2.2f\n",szName,fPhyscial,fMath,
        fChemical,fTotal);
    }
}
```

程序运行结果如下：

输入

John 78.50 85.50 90.00

Bob 89.50 91.00 82.00

Lili 82.50 90.00 87.00

输出

John 78.50 85.50 90.00 254.00

Bob 89.50 91.00 82.00 262.50

Lili 82.50 90.00 87.00 259.50

观察运行结果，并分析结果的形成。

第二部分　课程设计

设计一　学生成绩管理系统

本节主要介绍如何利用 C 语言来设计一个简易的信息管理系统。

1. 设计目的

使用 C 语言的结构体数组，编程实现了一个功能相对简单的学生成绩管理系统。通过介绍学生成绩管理系统的设计过程，使读者了解如何使用 C 语言的结构体数组设计和保存数据信息，加深对结构体数组的理解。

2. 功能描述

学生成绩管理系统主要包括 4 个功能模块，它们分别是显示学生成绩、输入学生成绩、删除学生记录和对学生记录排序。下面分别简要介绍功能模块的功能。

显示成绩模块：从结构体数组中读取记录并显示学生的学号、姓名以及各门功课的成绩。

输入成绩模块：从键盘输入学生的学号、姓名以及各门功课的成绩，并保存到结构体数组中。

删除学生记录模块：从键盘输入学生的学号，删除结构体数组中的相关记录。

学生记录排序模块：可以根据学生的学号、姓名、单科成绩以及平均成绩对学生记录排序。

3. 系统设计

（1）系统流程设计。

main()函数先显示一个欢迎界面并提示用户输入用户名和密码，登录成功后显示主界面。在主界面中，提供 4 种功能选择，用户输入功能选择后，进入功能设计中相应的功能模块。

（2）常量定义、类型定义、全局变量定义。

程序定义了符号常量 N 表示最大学生人数、M 表示学生的课程数，定义了表示学生信息的结构体类型，使用一个全局变量来表示学生人数，一个全局变量来表示排序类型，一个结构体数组来保存学生的学号、姓名、成绩等信息。

```
#include<string.h>
#include<windows.h>
#define N 10
#define M 3
struct student
{
```

```
        int num;
        char name[15];
        float score[M];
        float avg;
};
int count=0;            //学生实际个数
int sort_type=0;        //排序类型
struct student stu[N];  //存放学生信息的结构体数组
```

（3）函数定义。

1）主函数 main()

```
void main()
{
        int i,k=0;
    char username[15],pwd[6];
    printf("\n\n");
    printf("   \t******************************************\n");
    printf("   \t*                                        *\n");
    printf("   \t*          欢迎使用学生成绩管理系统          *\n");
    printf("   \t*                                        *\n");
    printf("   \t*              2011.11.22               *\n");
    printf("   \t*                                        *\n");
    printf("   \t******************************************\n");
    for(i=0;i<3;i++)
    {
      printf("\n 请输入用户名:");
        gets(username);
        printf("\n 请输入 6 位密码:");
        gets(pwd);
        if((strcmp(username,"student1")==0)&&(strcmp(pwd,"123456")==0))
        {
         printf("\n 您已经成功登录\n");
            k=1;
            for(i=0;i<20;i++)
            {
            printf(".");
                Sleep(100);
            }
            system("cls");
            homepage();
            break;
        }
        else
            printf("\n 用户名或密码无效  请重新输入:\n");
        continue;
```

```
    }
     if(k==0)
        printf("\n 连续输入错误 3 次  将退出程序\n");
     Sleep(2000);
     quit();
}
```

2）主界面显示函数 homepage()

```
void homepage()
{
    char n;
     printf("\n\n");
     printf("\t ####################################\n");
     printf("\t #                                  #\n");
     printf("\t #          1.显示成绩              #\n");
     printf("\t #                                  #\n");
     printf("\t #          2.录入成绩              #\n");
     printf("\t #                                  #\n");
     printf("\t #          3.删除记录              #\n");
     printf("\t #                                  #\n");
     printf("\t #          4.排序                  #\n");
     printf("\t #                                  #\n");
     printf("\t #          0.退出程序              #\n");
     printf("\t #                                  #\n");
     printf("\t ####################################\n");

    while ((n!='1')&&(n!='2')&&(n!='3')&&(n!='4')&&(n!='0'))
     {
        printf("\n 请选择:");
           fflush(stdin);
           scanf("%c",&n);
           switch(n)
           {
                case '1':
                          display();
                   system("pause");
                          break;
                case '2':
                          if(count<N)    input();
                          else
                          {
                                printf("记录数已满\n");
                                Sleep(2000);
                                system("cls");
                                homepage();
```

```
                        }
                        break;
                case '3':
                        del();
                        break;
                case '4':
                        sort();
                case '0':
                        quit();
                        break;
                default:
                        printf("\n 选项错误\n");
            }
        }
}
```

3）显示成绩函数 display()

```
void display()
{
        int i,j;
        char c;
        system("cls");
        switch(sort_type)
        {
            case 0:
                    printf("\t\t 未排序:\n\n");
                    break;
            case 1:
                    printf("\t\t 按学号排序:\n\n");
                    break;
            case 2:
                    printf("\t\t 按成绩 1 排序:\n\n");
                    break;
            case 3:
                    printf("\t\t 按成绩 2 排序:\n\n");
                    break;
            case 4:
                    printf("\t\t 按成绩 3 排序:\n\n");
                    break;
            case 5:
                    printf("\t\t 按平均成绩排序:\n\n");
                    break;
        }
        printf("\t 学号\t 姓名\t 成绩 1\t 成绩 2\t 成绩 3\t 平均成绩\n");
        for(i=0;i<count;i++)
```

```
    {
      printf("\t%d\t%s\t",stu[i].num,stu[i].name);
      for (j=0; j<M; j++)
          printf("%5.2f\t",stu[i].score[j]);
      printf("%5.2f\n",stu[i].avg);
    }
    system("pause");
    system("cls");
    homepage();
}
```

4）输入成绩函数 input()

```
void input()
{
    int i,numcheck;
    float s;
    char c;
    system ("cls");
    do
    {
        printf("学号:\n");
        scanf("%d",&stu[count].num);
        numcheck=1;
        if(stu[count].num<0)
            printf("请输入正整数:\n");
        for(i=0;i<count;i++)
        {   if(stu[count].num==stu[i].num)
            {   numcheck=0;
                printf("学号重复,重新输入:\n");
            }
        }
    }while(!numcheck);
    printf("姓名:\n");
    fflush(stdin);
    gets(stu[count].name);
    s=0;
    for(i=0;i<M;i++)
    {
      printf("第%d 门课成绩:\n",i+1);
        scanf("%f",&stu[count].score[i]);
      s=s+stu[count].score[i];
    }

    stu[count].avg=s/M;
    printf("是否继续输入(y/n):\n");
```

```
        do
        {
          c=getchar();
            if(c=='y'||c=='Y')
            {
             count++;
                if(count<10)   input();
                else
                {
                    printf("记录数已满\n");
                    Sleep(2000);
                    system("cls");
                    homepage();
                }
            }
            else if(c=='n'||c=='N')
          {
                count++;
                system("cls");
                homepage();
            }
            else;
        }while((c!='y')&&(c!='n')&&(c!='Y')&&(c!='N'));
    }
```

5）删除记录函数 del()

```
void del()
{
    int i,j,del_num,match=0;
     char c;
     system("cls");
     printf("请输入要删除的学生学号:\n");
     scanf("%d",&del_num);
     waiting();
     for(i=0;i<count;i++)
     {
        if(stu[i].num==del_num)
          {
               match=1;
               for(j=i;j<count;j++)
               stu[j]=stu[j+1];
          }
     }
     if(!match)   printf("没有要找的学号.\n");
     printf("是否继续删除?(y/n)");
```

```
    fflush(stdin);
    do
   {
      c=getchar();
         if(c=='y'||c=='Y')
         {
              count--;
              del();
         }
         else if(c=='n'||c=='N')
         {
              count--;
              system("cls");
              homepage();
         }
         else;
    }while((c!='y')&&(c!='n'));
}
```

6）排序函数 sort()

```
void sort()
{
    int i,j;
    int choice;
    struct student temp;
    system("cls");
    printf("\t\t 请选择排序功能:\n");
    printf("\t1.按学号排序\n");
    printf("\t2.按成绩 1 排序\n");
    printf("\t3.按成绩 2 排序\n");
    printf("\t4.按成绩 3 排序\n");
    printf("\t5.按平均成绩排序\n");
    do
    {
      scanf("%d",&choice);
    }while((choice!=1)&&(choice!=2)&&(choice!=3)&&(choice!=4)&&(choice!=5));
    switch(choice)
    {
         case 1:
                   for(i=0;i<count-1;i++)
                   {
                    for(j=0;j<count-i-1;j++)
                        {
                        if(stu[j].num>stu[j+1].num)
                            {
```

```
                    temp=stu[j];
                    stu[j]=stu[j+1];
                    stu[j+1]=temp;
                }
            }
        }
        sort_type=1;
        break;
    case 2:
        for(i=0;i<count-1;i++)
        {
        for(j=0;j<count-i-1;j++)
            {
            if(stu[j].score[0]<stu[j+1].score[0])
                {
                    temp=stu[j];
                    stu[j]=stu[j+1];
                    stu[j+1]=temp;
                }
            }
    }
        sort_type=2;
        break;
    case 3:
        for(i=0;i<count-1;i++)
        {
        for(j=0;j<count-i-1;j++)
            {
            if(stu[j].score[1]<stu[j+1].score[1])
                {
                    temp=stu[j];
                    stu[j]=stu[j+1];
                    stu[j+1]=temp;
        }
            }
        }
        sort_type=3;
        break;
    case 4:
        for(i=0;i<count-1;i++)
        {
        for(j=0;j<count-i-1;j++)
            {
            if(stu[j].score[2]<stu[j+1].score[2])
```

```
                    {
                        temp=stu[j];
                        stu[j]=stu[j+1];
                        stu[j+1]=temp;
                    }
              }
          }
              sort_type=4;
              break;
      case 5:
              for(i=0;i<count-1;i++)
              {
              for(j=0;j<count-i-1;j++)
                  {
                  if(stu[j].avg<stu[j+1].avg)
                      {
                          temp=stu[j];
                          stu[j]=stu[j+1];
                          stu[j+1]=temp;
                      }
                  }
              }
              sort_type=5;
              break;
      }
      system("cls");
      waiting();
      homepage();
}
```

7）等待界面函数 waiting()

```
void waiting()
{
   int i;
    printf("\n\t 请稍候……");
    for(i=0;i<25;i++)
    {
      switch(i%4)
        {
            case 1: printf("\b\\");break;
            case 2: printf("\b-");break;
            case 3: printf("\b/");break;
            case 0: printf("\b|");break;
        }
        Sleep(100);
```

```
        }
        system("cls");
    }
```

8）退出界面函数 quit()

```
void quit()
{
    system("cls");
    printf("\n\n");
    printf("\t###################################\n");
    printf("\t#                                 #\n");
    printf("\t#            谢谢使用             #\n");
    printf("\t#                                 #\n");
    printf("\t###################################\n\n");
}
```

设计二　通讯录管理系统

1. 设计目的

运用 C 语言的基础知识：数据类型、运算类型、程序结构、函数、文件的读写操作等编写简易通讯录系统。加深对 C 语言课程所学知识的理解，进一步巩固 C 语言算法规则，学会编制结构清晰、风格良好、数据结构适当的 C 程序，从而具备解决综合性问题的能力。

2. 功能描述

通讯录系统主要是为方便自己查找个人通讯录，其主要功能有通讯录信息生成、存储、查询、修改、插入、删除、打印等。

3. 设计思路

（1）个人通讯录的主要信息包括：编号、姓名、性别、联系电话、住址、邮编等。

（2）用结构体数组来存储信息，用 Data_Input 函数来实现信息的录入，用 Data_Show 函数来显示打印信息，用 Data_Search 函数来查找信息，用 Data_Insert 函数来插入信息，用 Data_Alter 函数来修改信息，用 Data_Delete 函数来删除信息，用 Data_Save 函数来保存信息，用 Exit 函数来退出通讯录。

4. 主要函数说明

（1）Data_check(int k,char ID[5])

功能：检查通讯录中是否存在相同 ID 或 ID 输入格式错误。

形参：k 用于返回出错情况，ID 为 5 位字符。

返回：0 表示 ID 可用，大于 0 的值均表示 ID 有错。

首先判断编号的首位是否为 0，如果为 0 则整型形参赋值为 1，反之没有动作，然后判断编号内是否含字母及其他字符，如果有则整型形参自增，反之没有动作，在使用 strcmp 判断输入的编号在原文件中是否已存在，如果存在则整型形参自增。

（2）Data_Input()

功能：输入通讯录信息。

首先判断储存是否已满，如果满了，则提示是否回到主菜单，如果没满，则提示输入信息，然后调用 Data_check 函数，判断编号是否已经存在以及格式是否正确。如果均无误则提示是否继续输入信息，反之则重新输入编号直到编号无误为止。如果输入信息后，储存变满，则提示储存已满，不再提示是否继续输入。最后提示是否回到主菜单。

（3）The_Size (char a[],char b[])

功能：比较两个字符串的大小。

返回：当两个字符串长度和值均相等时返回 0，其他情况返回 1 或-1。

首先利用 strlen 比较两个字符数组的长度，如果前者长于后者，整型变量赋值为 1；如果前者短于后者，整型变量赋值为-1；如果两者长度相等，则再利用 strcmp 比较两个字符数组的大小，如果前者大于后者，则整型变量赋值为 1，如果前者小于后者，则整型变量赋值为-1，如果两者大小相等，则整型变量赋值为 0，最后返回整型变量的值。

（4）Data_Show()

首先调用 The_Size 函数再利用冒泡法对通讯录的信息根据编号进行排列，然后再对信息进行输出，输出完 10 条信息后按空格停止打印，按其他任意键继续打印下一条。最后输出通讯录中信息的条数。

（5）main()

调用 Menu_Selec()函数显示主菜单，利用 switch 实现对菜单功能的选择，利用 do…while 来实现继续操作吗?（Y/N）的输入按键限制，只接收 Y 或 N 的输入。

5. 程序代码

```
#include<string.h>
#include<conio.h>
#include<stdio.h>

int counts;                            //全局变量记录当前通讯录的个数

struct my_friend                       //电子通讯录结构定义
{
    char num[5];                       //编号
    char name[11];                     //名字
    char sex[2];                       //性别
    char phone[12];                    //电话
    char address[26];                  //地址
    char post_num[11];                 //邮编
}friends[50];
```

```
FILE *fp;

void Data_load()                          //数据载入函数
{
    int j;
    fp=fopen("friend.txt","r+");          //打开文件 friend.txt
    if(fp==NULL)                          //判断是否存在 friend.txt，如果不存在则创建
    {
        fp=fopen("friend.txt","w");
        counts=0;
    }
    else
    {
        for(counts=0;counts<50;counts++)
        {
            j=fgetc(fp);
            if(j==EOF)                    //判断是否到了文件尾
                return;
        fseek(fp,counts*sizeof(struct my_friend),0);
        fread(&friends[counts],sizeof(struct my_friend),1,fp);     //从文件中读取一条记录
        }
    }
}

void Menu_Select()                        //显示菜单界面
{
    printf(" \n");
    printf(" \n");
    printf(" \n");
    printf("  通讯录管理系统  \n");
    printf(" \n");
    printf(" ======================\n");
    printf(" 1.通讯录数据输入\n");
    printf(" 2.通讯录数据显示\n");
    printf(" 3.通讯录数据查找\n");
    printf(" 4.通讯录数据修改\n");
    printf(" 5.通讯录数据插入\n");
    printf(" 6.通讯录数据删除\n");
    printf(" 7.通讯录数据保存\n");
    printf(" 0.退出\n");
    printf(" ======================\n");
    printf( "请输入操作代码  0-7 \n\n");
}
```

```
int Data_check(int k,char ID[5])          //检查通讯录中是否存在相同 ID 或 ID 输入格式错误
{
    int j;
    if(ID[0]=='0')                        //ID 的首位为 0
        k=1;
    for(j=0;ID[j]!='\0';j++)
    {
        if(ID[j]>'9'||ID[j]<'0')//ID 中有非数字符号
            k++;
    }
    for(j=0;j<counts+1;j++)
    {
        if(strcmp(ID,friends[j].num)==0)       //ID 有重复编号
            k++;
    }
    return k;
}

void Data_Input()                              //数据输入函数
{

    char yes_no='1';
    char ID[5];
    int k=0;
    if(counts>=50)
        printf("\n\n 存储空间已满!\n\n");
    if(counts<50)
    {
        printf(" **************************************************\n");
        printf(" *****************增加通讯录信息*******************\n");
        printf(" **************************************************\n");
    }
    for(;counts<50;counts++)
    {
        do
        {
            switch(yes_no)
            {
            case '1':                          //如果输入为 1，则进行数据输入
                printf("编号(4):");
                gets(ID);
                while(Data_check(k,ID)>0)      //检查输入的 ID 是否已存在，如存在重输入
                {
                    printf("编号已存在，请重新输入\n");
```

```
                    gets(ID);
                    Data_check(k,ID);
                }
                strcpy(friends[counts].num,ID);
                printf("姓名(10)");
                gets(friends[counts].name);
                printf("性别(M/F)");
                gets(friends[counts].sex);
                printf("电话(11)");
                gets(friends[counts].phone);
                printf("地址(30)");
                gets(friends[counts].address);
                printf("邮编(10)");
                gets(friends[counts].post_num);
                Data_check(k,ID);
                if(counts<49)
                {
                    printf("\n\n    是否继续? Y(1)/N(0) \n\n");
                    yes_no=getch();
                }
                if(counts>=49)
                    printf("\n\n   存储空间已满!\n\n");
                break;
            case '0':
                break;
            default:
                yes_no=getch();

            }
        }while(yes_no!='1'&&yes_no!='0');   //如果输入的不是 1 或 0 则重新输入
        if(yes_no=='0')
        {
            counts++;
            break;
        }
    }
}

int The_Size(char a[],char b[])    //比较两个 ID 的大小
{
    int j,t;
    if((j=strlen(a)-strlen(b))>0)   t=1;
    if((j=strlen(a)-strlen(b))<0)   t=-1;
    if((j=strlen(a)-strlen(b))==0)
```

```
    {
        if(strcmp(a,b)>0) t=1;
        if(strcmp(a,b)<0) t=-1;
        if(strcmp(a,b)==0) t=0;
    }
    return t;
}

void Data_Show()          //数据输出函数
{   int j,k;
char m;
struct my_friend t;
printf(" ******************************************************************\n");
printf("   编号            姓名    性别           电话             地址         邮编      \n");
printf(" ******************************************************************\n");
for(j=0;j<counts-1;j++)      //对数据进行排序
{   for(k=0;k<counts-1-j;k++)
{
    if(The_Size(friends[k].num,friends[k+1].num)==1)
    {
        t=friends[k];
        friends[k]=friends[k+1];
        friends[k+1]=t;
    }
}
}
for(j=0;j<counts;j++)          //数据输出
{
    printf("%4s %10s %4s %11s %20s %10s\n",friends[j].num,friends[j].name,friends[j].sex,friends[j].phone,
      friends[j].address,friends[j].post_num);
    if(j>0&&j%10==0)
        {
        printf("按任意键继续显示……\n");
        m=getch();
        }
}
printf("\n\n   通讯录中共有 %d 个成员.\n\n",counts);
}

void Data_Search()        //数据查找函数
{
    char k;
    int j,a,b;
    char ID[5];
```

```
char NAME[11];
printf("1.按编号查找\n");
printf("2.按姓名查找\n");
 k=getch();
switch(k)
{
case '1':            //按 ID 查找
    a=0;
    printf("\n\n    请输入编号.\n\n");
    scanf("%s",ID);
    for(j=0;j<counts+1;j++)
    {
        if(strcmp(ID,friends[j].num)==0)
        {
            a++;
            printf("   编号       姓名   性别         电话         地址     邮编  \n");
            printf("%4s %10s %4s %11s %20s %10s\n",friends[j].num,friends[j].name,friends[j].sex,
                friends[j].phone,friends[j].address,friends[j].post_num);
        }

    }
    if(a==0)
        printf("通讯录中查无此编号!\n\n");
    break;
case '2':                  //按姓名查找
    b=0;
    printf("\n\n 请输入姓名：\n\n");
    scanf("%s",NAME);
            for(j=0;j<counts+1;j++)
            {
                if(strcmp(NAME,friends[j].name)==0)
                {
                    b++;
                   printf("   编号     姓名   性别          电话              地址          邮编          \n");
                   printf("%4s %10s %4s %11s %20s %10s\n",friends[j].num,friends[j].name,friends[j].sex,
                       friends[j].phone,friends[j].address,friends[j].post_num);
                }

            }
            if(b==0)
                printf(" 通讯录中查无此姓名!\n\n");
            break;

default:
```

```
        printf("\n\n   输入错\n");
        break;
    }
}

void Data_Insert()              //数据插入函数
{
    if(counts>=50)
        printf("\n\n 存储已满!\n\n");
    if(counts<50)
    {
        char ID[5];
        int k=0;

        printf("请输入待插入的编号：\n");
        scanf("%s",ID);
        Data_check(k,ID);         //检查所需插入的 ID 是否已存在，如果存在重新输入
        while(Data_check(k,ID)>0)
        {
            printf("编号已存在，请重新输入：\n");
            scanf("%s",ID);
            Data_check(k,ID);
        }
        strcpy(friends[counts].num,ID);  //插入数据
        printf(" ****** 姓名(10) 性别(M/F) 电话(11) 地址(30) 邮编(10)*******\n");
        printf(" %10s %4s %11s %20s %10s",friends[k].name,friends[k].sex, friends[k].phone,
          friends[k].address,friends[k].post_num);
        scanf("%s%s%s%s%s",friends[counts].name,friends[counts].sex,friends[counts].phone,friends
          [counts].address,friends[counts].post_num);
        counts++;
    }
}

void Data_Delete()              //数据删除函数
{
    int   k,t=0;
    char ID[5];
    printf("\n\n 请输入要删除的编号：\n\n");
     scanf("%s",ID);
    for(k=0;k<counts;k++)
    {
        if(strcmp(friends[k].num,ID)==0)
        {
            t++;
```

```
            break;
        }
    }
    if(t==0)
        printf("\n\n 此编号不存在!\n\n");
    if(t>0)
    {
        for(;k<counts;k++)          //删除位置前的元素顺序前移
        {
            friends[k]=friends[k+1];
        }
        printf("\n\n 删除成功!\n\n");
        counts--;
    }
}

void Data_Alter()                  //修改函数
{
    int k,t=0;
    char ID[5];
    printf("\n\n 请输入要修改的编号\n\n");
    scanf("%s",ID);
    for(k=0;k<counts;k++)
        {
        if(strcmp(friends[k].num,ID)==0)
        {
            t++;
            break;
        }
        }
    if(t==0)
        printf("\n\n 此编号不存在！ \n\n");
    if(t>0)
    {
        strcpy(friends[k].num,ID);
        printf(" ****** 姓名(10) 性别(M/F) 电话(11) 地址(30) 邮编(10)*******\n");
        printf("%10s %4s %11s %20s %10s",friends[k].name,friends[k].sex,friends[k].phone,
            friends[k].address,friends[k].post_num);
        scanf("%s%s%s%s%s",friends[k].name,friends[k].sex,friends[k].phone,friends[k].address,
            friends[k].post_num);
        printf("\n\n 修改成功!\n\n");
    }
}
```

```
void Data_Save()                                //数据保存函数
{
    int j;
    fp=fopen("friend.txt","w");
     for(j=0;j<=counts-1;j++)
     {
        fwrite(&friends[j],sizeof(struct my_friend),1,fp);
     }
     printf("\n\n  保存成功!\n\n");
}

void Exit()                                     //退出函数
{
    char flag;
    printf("    退出前是否保存? (Y/N)\n");       //判断是否保存
    do{
        flag=getch();
        switch(flag)
        {
        case 'Y':                               //保存
        case 'y':
            Data_Save();
            break;
        case 'N':break;
        case 'n':break;
        }
    }while(flag!='Y'&&flag!='y'&&flag!='N'&&flag!='n');
}

void main()
{
    char choose,yes_no;
    Data_load();                            //装入数据
    do
    {
        Menu_Select();
        choose=getch();
        switch(choose)
        {
        case '1':   Data_Input();       break;   //输入
        case '2':   Data_Show();        break;   //显示
        case '3':   Data_Search();      break;   //查找
        case '4':   Data_Alter();       break;   //修改
        case '5':   Data_Insert();      break;   //插入
```

```
        case '6':   Data_Delete();          break;  //删除
        case '7':   Data_Save();            break;  //保存
        case '0':   Exit();                 break;  //退出
        default :   printf("  出错!\n");
        }
        if(choose=='0')
            break;
        printf("继续操作吗? (Y/N)\n");
        do
        {
            yes_no=getch();
        }while(yes_no!='Y'&&yes_no!='y'&&yes_no!='N'&&yes_no!='n');
        if(yes_no=='N'||yes_no=='n')
        {
            Exit();
            break;
        }
    }while(yes_no!='Y'||yes_no!='y');
}
```

设计三　职工管理系统

1. 设计目的

利用 C 语言的单链表数据结构及文件操作相关函数，编程实现了一个 DOS 操作系统下的职工管理系统。用户可以通过该系统选择菜单项，完成基本的职工信息管理相关处理工作，通过本节的介绍，读者可以了解该系统的开发过程，掌握菜单的开发技巧，加深对文件操作的理解。

2. 功能描述

该系统由五大功能模块构成，它们分别是职工信息录入模块、职工信息显示模块、职工信息查询模块、职工信息修改模块和职工信息删除模块。

（1）职工信息录入模块：职工信息包括职工号、姓名、性别、出生年月、学历、职务、工资、住址、电话等，并且要求职工号不重复；录入的职工信息要求用文件形式保存，并可以对其进行浏览、查询、修改、删除等基本操作。

（2）职工信息显示模块：职工信息按一定的规范格式显示。

（3）职工信息查询模块：分别按工资及按学历两种方式进行查询，能返回所有符合条件的职工的信息。

（4）职工信息修改模块：职工信息的修改逐个地进行，一个职工信息的更改不应影响其他的职工记录。

所设计的系统以菜单方式工作，为用户提供清晰的使用提示，依据用户的选择来进行各种处理，在此过程中能够尽可能地兼容用户使用过程中的异常情况。

3. 总体设计

根据功能描述，初步提出问题的解决方案，以及软件系统的体系结构和数据结构的设计方案并写出书面总体设计说明书，为下一步进行详细设计做准备。

该系统按功能进行模块划分，其系统模块图如图 3-1 所示。

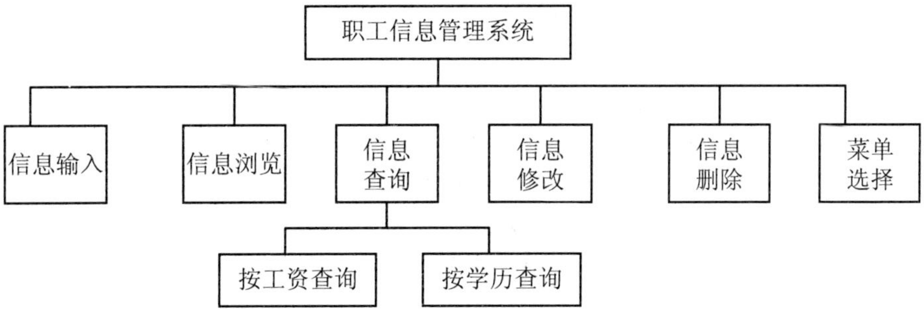

图 3-1　系统模块图

4. 数据结构

本系统中主要的数据结构就是职工的信息，包含职工号、姓名、性别、出生年月、学历、职务、工资、住址、电话等，使用中各项可以作为一个职工的不同属性来处理。

```
性别：enum Sex{ male, female };
学历：enum Education{ high, junior, college, master, doctor};
日期：struct Date{ int year;int month; int day; };
职工信息：struct Info{
    char num[5];                //职工号
    char name[8];               //姓名
    enum Sex sex;               //性别
    struct Date birthday;       //出生年月
enum Education education;       //学历
char duty[8];                   //职务
double wage;                    //工资
char addr[12];                  //地址
char phone[8];                  //电话   };
```

5. 函数设计

本系统主要用到的函数如下：

```
int count(char * a)          //计算参数所指定的文件中的记录的个数的函数
void append()           //信息添加函数
void display()          //职工信息显示函数
void search()           //信息查询函数
void modify()           //信息修改函数
void dele()             //信息删除函数
void menu()             //菜单选择界面
```

6. 程序流程

系统的执行应从功能菜单的选择开始，依据用户的选择来进行后续的处理，直到用户选择退出系统为止，其间对用户的选择做出判断及异常处理，系统的流程图如图 3-2 所示。

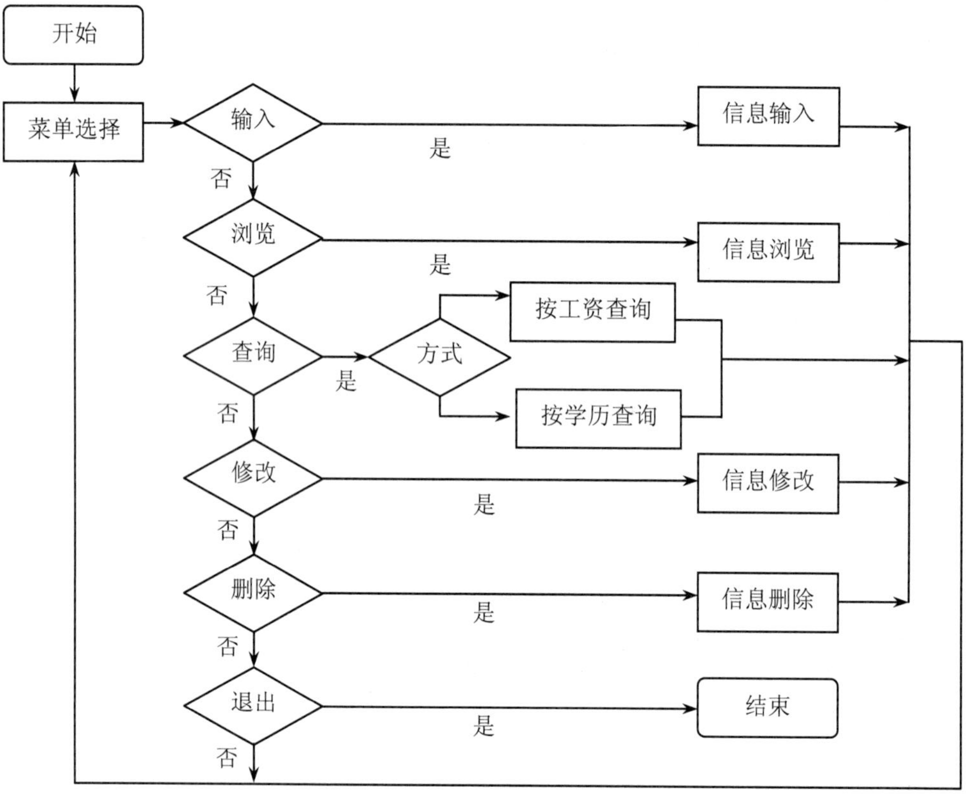

图 3-2　程序流程图

7. 程序清单

```
#include <stdio.h>
#include <string.h>
#include <stdlib.h>
enum Sex{ male, female };                                      //性别
enum Education{ high, junior, college, master, doctor};        //学历
struct Date                                                    //日期
{
    int year;
    int month;
    int day;
};
struct Info
{
    char num[5];                                               //职工号
    char name[8];                                              //姓名
```

```
    enum Sex sex;                          //性别
    struct Date birthday;                  //出生年月
    enum Education education;              //学历
    char duty[8];                          //职务
    double wage;                           //工资
    char addr[12];                         //地址
    char phone[8];                         //电话
};
void menu();                               //函数声明
int count(char * a)                        //计算参数所指定的文件中的记录的个数的函数
{
    struct Info info;
    FILE *fp;
    int i;
    if((fp=fopen(a,"rb"))==NULL)           //只读方式打开指定文件
    {
        printf("\nCannot open file\n");
        getchar();
        return 0;
    }
    for(i=0;!feof(fp);i++)                 //循环读取文件内记录直到文件尾
        fread(&info,sizeof(struct Info),1,fp);
    fclose(fp);
    return(i-1);                           //返回记录个数
}
void append()                              //信息添加函数
{
    struct Info info;
    FILE * fp;
    int flag = 1;                          //flag 为是否添加新记录标记，1 为是，其他值为否
    char temp[10];
    if((fp=fopen("inform.txt","ab")) == NULL)   //以追加方式打开 inform.txt 文件
        if((fp=fopen("inform.txt","wb"))==NULL)
        {
            printf("\t 打开信息文件失败!");
            getchar();
            exit(1);
        }
        Do                                 //循环添加记录直到 flag 标记不为 1
        {
            printf("\t 职工号:");
            gets(info.num);
            printf("\t 姓名:");
            gets(info.name);
```

```
        printf("\t 性别(female,male):");gets(temp);
        if(!strcmp(temp,"female"))
            info.sex=female;
        else
            info.sex=male;
        printf("\t 出生日期(yyyy/mm/dd):");
        scanf("%d/%d/%d",&info.birthday.year,&info.birthday.month,&info.birthday.day); getchar();
        printf("\t 学历(high,junior,college,master,doctor):");
        gets(temp);
        if(!strcmp(temp,"doctor"))
            info.education=doctor;
        else
            if(!strcmp(temp,"master"))
                info.education=master;
            else
                if(!strcmp(temp,"college"))
                    info.education=college;
                else
                    if(!strcmp(temp,"junior"))
                        info.education=junior;
                    else
                        info.education=high;
                    printf("\t 职务:");
                    gets(info.duty);
                    printf("\t 工资:");
                    gets(temp);
                    info.wage=atof(temp);
                    printf("\t 地址:");
                    gets(info.addr);
                    printf("\t 电话:");
                    gets(info.phone);
                    if(fwrite(&info, sizeof(info), 1, fp) != 1)
                    {
                        printf("\nfile input wrong!\n");
                        getchar();
                        exit(1);
                    }
                    printf("继续添加? \t1).Yes\t2).No:    [ ]\b\b");
                    scanf("%d",&flag);
                    getchar();
    }while(flag == 1);
    fclose(fp);
    menu();
}
```

```
void display()          //职工信息显示函数
{
    int amount;         //信息文件中的记录总数
    struct Info info;
    FILE * fp;
    int total = 0;
    char temp[10], temp1[10];
    amount=count("inform.txt");
    if((fp=fopen("inform.txt","rb")) == NULL)
    {
        printf("\t 打开信息文件失败!");
        getchar();
        exit(1);
    }
    printf("%-8s%-8s%-8s%-11s%-10s%-8s%-8s%-12s%-8s\n","职工号","姓名","性别","出生日期","学历","
      职务","工资","地址","电话");
    for(;total<amount;)
    {
        if(fread(&info, sizeof(info), 1, fp) != 1)
        {
            printf("\n 读文件失败!\n");
            getchar();
            exit(1);
        }
        total++;
        if(info.sex==male)
            strcpy(temp,"male");
        else
            strcpy(temp,"female");
        if(info.education==doctor)
            strcpy(temp1,"doctor");
        else
            if(info.education==master)
                strcpy(temp1,"master");
            else
                if(info.education==college)
                    strcpy(temp1,"college");
                else
                    if(info.education==junior)
                        strcpy(temp1,"junior");
                    else
                        strcpy(temp1,"high");
                        printf("%-8s%-8s%-8s%-4d/%-2d/%-4d%-10s%-8s%-8.2lf%-12s%-8s\n", info.num,
                          info.name,temp,info.birthday.year,info.birthday.month,info.birthday.day,temp1,
```

```
                        info.duty,info.wage,info.addr,info.phone);
                    if((total != 0) && (total%10 ==0))
                    {
                        printf("\n\n\t 按任意键继续......");
                        getchar();
                        puts("\n\n");
                        printf("%-8s%-8s%-8s%-4d/%-2d/%-4d%-10s%-8s%-8.2lf%-12s%-8s\n", info.num,
                        info.name,temp,info.birthday.year,info.birthday.month,info.birthday.day,
                        temp1,info.duty,info.wage,info.addr,info.phone);
                    }
        }
        fclose(fp);
        printf("\n\n\t  共%d 条记录!",total);
        getchar();
        menu();
    }

    void search()                   //信息查询函数
    {
        int amount;                 //信息文件中的记录总数
        int con=0;                  //已处理的文件记录总数
        struct Info info;
        FILE * fp;
        int flag=-1, flag1=-1;
        //flag 为 1 按工资查询，flag 为 2 按学历查询；
        //flag1 为 0 表等于，为 1 表大于，为 2 表小于
        int total=0;                //记录符合条件的记录的个数
        char temp[10], temp1[10], degree[10], express[10];
        char operator1;
        double value;
        enum Education grade1;
        int i=0;                    //读入表达式时用于字符串到数值的转换及控制学历的合法输入
        amount=count("inform.txt");
        do
        {
            printf("\n\n 请选择查询依据: \t1).工资  \t2).学历:   [ ]\b\b");
            scanf("%d",&flag);
            getchar();
        }while(!(flag==1 ||flag==2));
        if(flag==1)                 //按工资进行查询
        {
            flag1=-1;
            do                      //分解条件表达式
            {
```

```
    printf("请输入查询条件(>value or <value or =value):");
    gets(express);
    i=1;
    do                              //temp 存放 value 值
    {
        temp[i-1]=express[i];
        i++;
    }while(express[i-1] != '\0');
    operator1 = express[0];         //operator1 存放关系运算符
    value = atof(temp);
    if(operator1=='>')
        flag1=1;
    else
        if(operator1=='<')
            flag1=2;
        else
            if(operator1=='=')
                flag1=0;
            else
                printf("\nthe express format must be >value or <value or =value, please input again...\n");
}while(!(flag1==1 || flag1==2 || flag1==0));

if((fp=fopen("inform.txt","rb")) == NULL)          //以只读方式打开信息文件
{
    printf("\t 打开信息文件失败!");
    getchar();
    exit(1);
}
total=0;                                           //符合条件的记录数
for(con=0; con<amount; con++)
{
    if(fread(&info, sizeof(info), 1, fp) != 1)
    {
        printf("\n 读文件失败!\n");
        getchar();
        exit(1);
    }
    if(flag1==0 && info.wage==value)
    {
        total++;
        if(total == 1)
            printf("%-8s%-8s%-8s%-11s%-10s%-8s%-8s%-12s%-8s\n","职工号","姓名","性别","出生日期","学历","职务","工资","地址","电话");
        if(info.sex==male)
```

```
            strcpy(temp,"male");
        else
            strcpy(temp,"female");
        if(info.education==doctor)
            strcpy(temp1,"doctor");
        else
            if(info.education==master)
                strcpy(temp1,"master");
            else
                if(info.education==college)
                    strcpy(temp1,"college");
                else
                    if(info.education==junior)
                        strcpy(temp1,"junior");
                    else
                        strcpy(temp1,"high");
            printf("%-8s%-8s%-8s%-4d/%-2d/%-4d%-10s%-8s%-8.2lf%-12s%-8s\n", info.num,
              info.name,temp,info.birthday.year,info.birthday.month,info.birthday.day,temp1,
              info.duty,info.wage,info.addr,info.phone);
                if((total != 0) && (total%10 ==0))
                {
                    printf("\n\n\t 按任意键继续......");
                    getchar();
                    puts("\n\n");
            printf("%-8s%-8s%-8s%-4d/%-2d/%-4d%-10s%-8s%-8.2lf%-12s%-8s\n", info.num,
              info.name,temp,info.birthday.year,info.birthday.month,info.birthday.day,temp1,
              info.duty,info.wage,info.addr,info.phone);
                }
    }
    else if(flag1==1 && info.wage>value)
    {
        total++;
        if(total == 1)
            printf("%-8s%-8s%-8s%-11s%-10s%-8s%-8s%-12s%-8s\n","职工号","姓名","性别","出生
                日期","学历","职务","工资","地址","电话");
        if(info.sex==male)
            strcpy(temp,"male");
        else
            strcpy(temp,"female");
        if(info.education==doctor)
            strcpy(temp1,"doctor");
        else
            if(info.education==master)
                strcpy(temp1,"master");
```

```
            else
                if(info.education==college)
                    strcpy(temp1,"college");
                else
                    if(info.education==junior)
                        strcpy(temp1,"junior");
                    else
                        strcpy(temp1,"high");
        printf("%-8s%-8s%-8s%-4d/%-2d/%-4d%-10s%-8s%-8.2lf%-12s%-8s\n", info.num,
            info.name,temp,info.birthday.year,info.birthday.month,info.birthday.day,temp1,
            info.duty,info.wage,info.addr,info.phone);
                    if((total != 0) && (total%10 ==0))
                    {
                        printf("\n\n\t 按任意键继续......");
                        getchar();
                        puts("\n\n");
                        printf("%-8s%-8s%-8s%-11s%-10s%-8s%-8s%-12s%-8s\n","职工号","姓名",
                            "性别","出生日期","学历","职务","工资","地址","电话");
                    }
}
else if(flag1==2 && info.wage<value)
{
    total++;
    if(total == 1)
        printf("%-8s%-8s%-8s%-11s%-10s%-8s%-8s%-12s%-8s\n","职工号","姓名","性别","出生
            日期","学历","职务","工资","地址","电话");
    if(info.sex==male)
        strcpy(temp,"male");
    else
        strcpy(temp,"female");
    if(info.education==doctor)
        strcpy(temp1,"doctor");
    else
        if(info.education==master)
            strcpy(temp1,"master");
        else
            if(info.education==college)
                strcpy(temp1,"college");
            else
                if(info.education==junior)
                    strcpy(temp1,"junior");
                else
                    strcpy(temp1,"high");
        printf("%-8s%-8s%-8s%-4d/%-2d/%-4d%-10s%-8s%-8.2lf%-12s%-8s\n", info.num,
```

```
                    info.name,temp,info.birthday.year,info.birthday.month,info.birthday.day,temp1,
                    info.duty,info.wage,info.addr,info.phone);
                    if((total != 0) && (total%10 ==0))
                    {
                        printf("\n\n\t 按任意键继续......");
                        getchar();
                        puts("\n\n");
                        printf("%-8s%-8s%-8s%-11s%-10s%-8s%-8s%-12s%-8s\n","职工号","姓名",
                            "性别","出生日期","学历","职务","工资","地址","电话");
                    }
            }
        }
        fclose(fp);
    }
    else        //按学历进行查询
    {
        i=0;
        do
        {
            printf("请输入你要查询的学历:");
            gets(degree);
            if(!strcmp(degree,"doctor"))
                grade1=doctor;
            else
                if(!strcmp(degree,"master"))
                    grade1=master;
                else
                    if(!strcmp(degree,"college"))
                        grade1=college;
                    else
                        if(!strcmp(degree,"junior"))
                            grade1=junior;
                        else
                            if(!strcmp(degree,"high"))
                                grade1=high;
                            else
                            {
                                printf("\n 输入值无效……\n");
                                i=1;
                            }
        }while(i==1);
        if((fp=fopen("inform.txt","rb")) == NULL)
        {
            printf("\t 打开信息文件失败!");
```

```
    getchar();
    exit(1);
}
total=0;    //符合条件的记录数
for(con=0; con<amount; con++)
{
    if(fread(&info,sizeof(info),1,fp)!=1)
    {
        printf("\n 读文件失败!\n");
        getchar();
        exit(1);
    }
    if(info.education==grade1)
    {
        total++;
        if(total==1)
            printf("%-8s%-8s%-8s%-11s%-10s%-8s%-8s%-12s%-8s\n","职工号","姓名","性别","出生
                日期","学历","职务","工资","地址","电话");
        if(info.sex==male)
            strcpy(temp,"male");
        else
            strcpy(temp,"female");
        if(info.education==doctor)
            strcpy(temp1,"doctor");
        else
            if(info.education==master)
                strcpy(temp1,"master");
            else
                if(info.education==college)
                    strcpy(temp1,"college");
                else
                    if(info.education==junior)
                        strcpy(temp1,"junior");
                    else
                        strcpy(temp1,"high");
          printf("%-8s%-8s%-8s%-4d/%-2d/%-4d%-10s%-8s%-8.2lf%-12s%-8s\n", info.num,
              info.name,temp,info.birthday.year,info.birthday.month,info.birthday.day,temp1,
              info.duty,info.wage,info.addr,info.phone);
                if((total != 0) && (total%10 ==0))
                {
                    printf("\n\n\t 按任意键继续......");
                    getchar();
                    puts("\n\n");
                    printf("%-8s%-8s%-8s%-11s%-10s%-8s%-8s%-12s%-8s\n","职工号","姓名",
```

```
                                "性别","出生日期","学历","职务","工资","地址","电话");
                            }
                }
            }
        fclose(fp);
    }
    printf("\n\n\t 查到的记录条数:%d!",total);
    getchar();
    menu();
}

void modify()          //信息修改函数
{
    struct Node
    {
        char num[10];
        struct Node * next;
    };
    int amount;         //信息文件中的记录总数
    int con=0;          //已处理的文件记录总数
    struct Node node;
    struct Node * head=NULL, * pf=NULL, * pb=NULL;
    struct Info info, info_temp;
    FILE * fp;
    int total=0;
    long offset=0;      //文件位置指针偏移量
    char temp[10], temp1[10];
    int flag=0;         //指示是否继续进行修改，为 1 时继续
    char ID[10];        //待修改记录的职工号
    int ord;            //待修改的项目指示
    int repeat;         //在修改中用于重复输入
    int Yes=0;          //指示是否保存修改
    char choice=0;
    amount=count("inform.txt");
    if((fp=fopen("inform.txt","rb")) == NULL)
    {
        printf("\t 打开信息文件失败!");
        getchar();
        exit(1);
    }
    printf("\n%-5s%-8s%-8s%-11s%-10s%-8s%-8s%-12s%-8s\n","nun","name","sex ","birthday","education",
        "duty","wage","address","phone");
    for(con=0; con<amount; con++)
    {
```

```
    if(fread(&info, sizeof(info), 1, fp) != 1)
    {
        printf("\n 读文件失败!\n");
        getchar();
        exit(1);
    }
    pb=(struct Node *)malloc(sizeof(struct Node));       //创建包含 num 信息的链表，用于后续的查找
    strcpy(pb->num,info.num);
    if(total==0)
        head=pf=pb;
    else
        pf->next=pb;
    pb->next=NULL;
    pf=pb;
    total++;
    if(info.sex==male)
        strcpy(temp,"male");
    else
        strcpy(temp,"female");
    if(info.education==doctor)
        strcpy(temp1,"doctor");
    else
        if(info.education==master)
            strcpy(temp1,"master");
        else
            if(info.education==college)
                strcpy(temp1,"college");
            else
                if(info.education==junior)
                    strcpy(temp1,"junior");
                else
                    strcpy(temp1,"high");
                    printf("%-8s%-8s%-8s%-4d/%-2d/%-4d%-10s%-8s%-8.2lf%-12s%-8s\n", info.num,
                      info.name,temp,info.birthday.year,info.birthday.month,info.birthday.day,temp1,
                      info.duty,info.wage,info.addr,info.phone);
                if((total != 0) && (total%10 ==0))
                {
                    printf("\n\n\t 按任意键继续......");
                    getchar();
                    puts("\n\n");
                }
}
fclose(fp);
do
```

```
{
    printf("\n 输入要修改的记录职工号:");
    gets(ID);
    pf=head;
    offset=0l;
    while(strcmp(pf->num,ID) && pf->next!=NULL)
    {
        pf=pf->next;
        offset++;
    }
    if(!strcmp(pf->num,ID))                    //待修改的记录存在
    {
        if((fp=fopen("inform.txt","rb+"))==NULL)
        {
            printf("\n\n 文件打开失败!");
            getchar();
            exit(1);
        }
        offset *= sizeof(struct Info);         //使文件位置指针移动到待修改记录处
        rewind(fp);
        if(fseek(fp, offset, 0) != 0)
        {
            printf("\n\n 文件操作失败  !");
            getchar();
            exit(1);
        }
        fread(&info, sizeof(info), 1, fp);
        fseek(fp,(long)(-1)*sizeof(struct Info), 1);          //使文件位置指针返回到待修改记录处
        printf("\nthe record you want to modify is:\n");
        printf("%-8s%-8s%-8s%-11s%-10s%-8s%-8s%-12s%-8s\n","职工号","姓名","性别","出生日期",
                "学历","职务","工资","地址","电话");
        printf("%-8s%-8s%-8s%-4d/%-2d/%-4d%-10s%-8s%-8.2lf%-12s%-8s\n", info.num,info.name,
                temp,info.birthday.year,info.birthday.month,info.birthday.day,temp1,info.duty,info.wage,
                info.addr,info.phone);
        do
        {
            printf("\n\n 修改记录项:1).职工号\t2).姓名\t3).性别\t4).出生日期\t5).学历");
            printf("\n\t6).职务\t7).工资\t8).地址\t9).电话\t10).所有项\t11).取消返回");
            printf("\n 输入要修改的记录项编号: [ ]\b\b");
            scanf("%d", &ord);
        }while(ord>11 || ord<1);
        switch(ord)
        {
        case 1: printf("\nnum:");
```

```
            repeat=0;
            do
            {
           gets(ID);
           getchar();
           pb=head;
           while(strcmp(pb->num,ID) && pb->next !=NULL) pb=pb->next;
           if(!strcmp(pb->num,ID))
               printf("\n 错误:该职工已存在，请重新输入......");
           repeat=1;
            }while(repeat);
            strcpy(info.num, ID);
            break;
case 2:
    printf("\n 姓名:");
    gets(info.name);
    getchar();
    break;
case 3:
    printf("\n 性别:");
    gets(temp);
    getchar();
         if(!strcmp(temp,"male"))
        info.sex=male;
         else
        if(!strcmp(temp,"female"))
            info.sex=female;
        else
            printf("\n 输入错误！ 不能修改该记录 ......");
        break;
case 4:
    printf("\n 出生日期(yyyy/mm/dd):");
    scanf("%d/%d/%d",&info.birthday.year,&info.birthday.month,&info.birthday.day);
         getchar();
    break;
case 5:
    printf("\n 学历:");
    gets(temp);
    getchar();
         if(!strcmp(temp,"doctor"))
        info.education=doctor;
         else
        if(!strcmp(temp,"master"))
            info.education=master;
```

```
            else
                if(!strcmp(temp,"college"))
                    info.education=college;
                else
                    if(!strcmp(temp,"junior"))
                        info.education=junior;
                    else
                        if(!strcmp(temp,"high"))
                            info.education=high;
                        else
                        printf("\n 输入错误！ 该记录不能修改......");
                        break;
    case 6:
        printf("\n 职务:");
        gets(info.duty);
        getchar();
        break;
    case 7:
        printf("\n 工资:");
        scanf("%lf",info.wage);
        getchar(); break;
    case 8:
        printf("\n 地址:");
        gets(info.addr);
        getchar();
        break;
    case 9:
        printf("\n 电话:");
        gets(info.phone);
        getchar();
        break;
    case 10:
        printf("\n\t 职工号:");
        gets(info.num);
        getchar();
             printf("\n\t 姓名:");
        gets(info.name);
        getchar();
             printf("\n\t 性别:");
        gets(temp);
        getchar();
        if(!strcmp(temp,"female"))
            info.sex=female;
        else
```

```
        info.sex=male;
         printf("\n\t 出生日期(yyyy/mm/dd):");
         scanf("%d/%d/%d",&info.birthday.year,&info.birthday.month,&info.birthday.day);
         printf("\n\t 学历:");gets(temp);
    getchar();
    if(!strcmp(temp,"doctor"))
        info.education=doctor;
    else
        if(!strcmp(temp,"master"))
            info.education=master;
        else
            if(!strcmp(temp,"college"))
                info.education=college;
            else
                if(!strcmp(temp,"junior"))
                    info.education=junior;
                else
                    info.education=high;
                printf("\n\t 职务:");
                gets(info.duty);
                getchar();
                printf("\n\t 工资:");
                gets(temp);
                info.wage=atof(temp);
                getchar();
                printf("\n\t 地址:");
                gets(info.addr);
                getchar();
                printf("\n\t 职工号:");
                gets(info.phone);
                getchar();
                break;
case 11:
default:printf("\n\n");
         menu();
}
printf("\n  确定?\n\n\t1).确定   2).不保存返回   [ ]\b\b");
         scanf("%d",&Yes);
         getchar();
if(Yes==1)                   //将更改后的数据写回到文件中去
    if((fwrite(&info, sizeof(struct Info), 1, fp))==1)
        printf("\n 修改正功   ^_^");
    else
        printf("\n 修改失败 ！");
```

```
                else
                {
                    printf("\n%d\n",Yes);
                    getchar();
                }
                fclose(fp);
            }
            else
            {
                printf("\n\n 记录不存在!\t 任意键继续......");
                getchar();
            }
            printf("\n\n 是否修改其他记录?:\t\t1).Yes\t2).No   [ ]\b\b");
                        scanf("%d",&flag);
            getchar();
    }while(flag == 1);
    menu();
};
void dele()                         //信息删除函数
{
    struct Node
    {
        char num[10];
        struct Node * next;
    };
    int amount;                     //信息文件中的记录总数
    int con=0;                      //已处理的文件记录总数
    struct Node node;
    struct Node * head=NULL, * pf=NULL, * pb=NULL;
    struct Info info, info_temp;
    FILE * fp, *fp1;                //fp 用于指示信息文件 inform，而 fp1 用于指示临时文件
    int total=0;
    int offset=0;                   //文件位置指针偏移量
    char temp[10], temp1[10];
    int flag=0;                     //指示是否继续进行修改，为 1 时继续
    char ID[10];                    //待修改记录的职工号
    int ord=0;                      //待修改的项目指示
    int repeat=0;                   //在修改中用于重复输入
    int Yes=0;                      //指示是否保存修改
    amount=count("inform.txt");
    if((fp=fopen("inform.txt","rb")) == NULL)
    {
        printf("\t 打开信息文件失败!");
        getchar();
```

```
        exit(1);
    }
    printf("%-8s%-8s%-8s%-11s%-10s%-8s%-8s%-12s%-8s\n","职工号","姓名","性别","出生日期","学历",
            "职务","工资","地址","电话");
    for(con=0; con<amount; con++)
    {
        if(fread(&info, sizeof(info), 1, fp) != 1)
        {
            printf("\n 读文件失败!\n");
            getchar();
            exit(1);
        }
        pb=(struct Node *)malloc(sizeof(struct Node));      //创建包含 num 信息的链表，用于后续的查找
        strcpy(pb->num,info.num);
        if(total==0) head=pf=pb;
        else pf->next=pb;
        pb->next=NULL;
        pf=pb;
        total++;
        if(info.sex==male)
            strcpy(temp,"male");
        else
            strcpy(temp,"female");
        if(info.education==doctor)
            strcpy(temp1,"doctor");
        else
            if(info.education==master)
                strcpy(temp1,"master");
            else
                if(info.education==college)
                    strcpy(temp1,"college");
                else
                    if(info.education==junior)
                        strcpy(temp1,"junior");
                    else
                        strcpy(temp1,"high");
                    printf("%-8s%-8s%-8s%-4d/%-2d/%-4d%-10s%-8s%-8.2lf%-12s%-8s\n", info.num,
                      info.name,temp,info.birthday.year,info.birthday.month,info.birthday.day,temp1,
                      info.duty,info.wage,info.addr,info.phone);
                    if((total != 0) && (total%10 ==0))
                    {
                        printf("\n\n\t 按任意键继续......");
                        getchar();
                        puts("\n\n");
```

```
            }
    }
    fclose(fp);
    do
    {
        printf("请输入要删除的记录职工号:");
        gets(ID);
        pf=head;
        while(strcmp(pf->num,ID) && pf->next!=NULL)
        {
            pf=pf->next;
            offset++;
        }
        if(!strcmp(pf->num,ID))             //待删除的记录存在
        {
            printf("\n 确实要删除该记录?:\t\t1).Yes\t2).No      [ ]\b\b");
            scanf("%d",&Yes);
            if(Yes==1)                      //如果确定要删除该记录
            {
                if((fp=fopen("inform.txt","rb"))==NULL)
                {
                    printf("\n\n 文件打开失败!");
                    getchar();
                    exit(1);
                }
                if((fp1=fopen("info_temp.txt","wb"))==NULL)
                {
                    printf("\n\n 文件打开失败!");
                    getchar();
                    exit(1);
                }
                total=0;
                amount=count("inform.txt");
                for(con=0; con<amount; con++)
                {
                    if(total==offset-1)
                    fseek(fp,(long)sizeof(struct Info),1);
                    fread(&info, sizeof(struct Info),1,fp);
                    fwrite(&info, sizeof(struct Info), 1, fp1);
                }
                fclose(fp1);
                fclose(fp);
                if((fp1=fopen("info_temp.txt","rb"))==NULL)
                {
```

```
                printf("\n\n 文件打开失败!");
                getchar();
                exit(1);
            }
            if((fp=fopen("inform.txt","wb"))==NULL)
            {
                printf("\n\n 文件打开失败!");
                getchar();
                exit(1);
            }
            amount=count("info_temp.txt");
            for(con=0; con<amount; con++)
            {
                fread(&info, sizeof(struct Info),1,fp1);
                fwrite(&info, sizeof(struct Info), 1, fp);
            }
            fclose(fp);
            fclose(fp1);
        }
    }
    else            //待删除的记录不存在
    {
        printf("\n\n 记录不存在!\t 任意键继续......");
        getchar();
    }
    printf("\n\n 是否继续?:\t\t1).Yes\t2).No    [ ]\b\b");
    scanf("%d",&flag);
    getchar();
  }while(flag == 1);
  menu();
}
void menu()            //菜单选择界面
{
  int n, w1;           //n 记录选择的菜单，w1 记录选择是否合法
  do
  {
    system("cls"); //清屏
    puts("\t\t\t 欢迎进入职工管理系统 ");
    puts("\t\t********************菜单********************\n\n");
    puts("\t\t\t\t1.添加职工信息");
    puts("\t\t\t\t2.显示职工信息");
    puts("\t\t\t\t3.查询职工信息");
    puts("\t\t\t\t4.修改职工信息");
    puts("\t\t\t\t5.删除职工信息");
```

```
            puts("\t\t\t\t6.退出");
            puts("\n\n\t\t*************************************************\n");
            printf("请输入操作代码(1-6): [ ]\b\b");
            scanf("%d",&n);
            getchar();
            if(n<1||n>6)                //对选择的数字作判断
            {
                w1=1;
                getchar();
            }
            else    w1=0;
        }
        while(w1==1);
        switch(n)                       //菜单选择功能
        {
        case 1:append();break;          //信息添加模块
        case 2:display();break;         //信息显示模块
        case 3:search();break;          //信息查询模块
        case 4:modify();break;          //信息修改模块
        case 5:dele();break;            //信息删除模块
        case 6:exit(0);                 //退出
        }
    }
    void main()
    {
        menu();
        return;
    }
```

设计四　竞赛自动评分系统

在许多竞赛过程中都需要评委根据选手的表现进行评价打分，最后综合各位评委的评价结果给出参赛选手的最终成绩。根据各位评委的评价进行综合打分时，通常会根据赛事的评分规划，对各位评委的评分进行相应的处理，例如去除最高分和最低分，再求出平均分。还有的比赛是将评价分为若干个不同的部分分别评分，最后再给予相应的权重来计算最后的总成绩。在竞赛中使用自动化评分方式，不仅能根据评价标准迅速准确地得到选手的最终评价成绩，而且还能对众多选手成绩进行排序，得到各选手在比赛中的排名顺序。在本节中，将向读者讲解如何利用 C 语言来完成一个简易的竞赛自动评分系统。

1. 设计目的

利用 C 语言的数组及其基本操作，编程实现了一个在字符界面下对竞赛选手评分信息进行自动化处理的应用。利用此自动评分系统，可以登记参赛选手的相关信息，记录各评委的评分情况，并根据一定的计分规则对选手的评分进行计算，得到其在比赛中的最终名次。

通过本节的介绍，读者可以了解竞赛自动评分系统的开发过程，掌握文件读取与写入的开发技巧，理解利用循环控制来显示菜单的方法，加深对 C 语言中利用数组进行数据排序算法的理解。

2. 功能描述

竞赛自动评分系统主要完成各评委给选手评定的分数录入与各选手总评分的自动化计算工作。因此根据具体应用主要实现以下功能：

（1）记录评委评定分数：在程序中完成各位选手的基本信息及各评委对不同选手评分的输入，并能长期保存在计算机中以方便后期反复地查询选手成绩及名次。

（2）统计选手竞赛成绩：主要包括计算各位竞赛选手的总评分，统计其竞赛排名情况。

（3）显示选手的竞赛情况：能够以较为直观的方式显示出各位选手的竞赛结果。

3. 总体设计

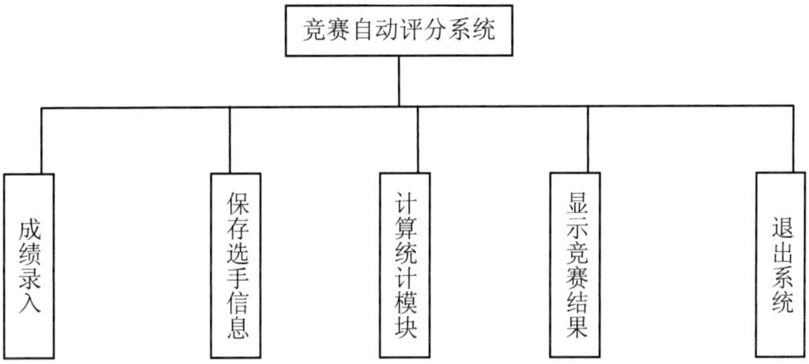

图 4-1　系统功能模块图

4. 设计思路

为方便记录选手的竞赛评分数据，可构建“选手”类型的数据结构，再以此类型的数组为基础，根据功能模块中的评分录入、保存、计算、统计等功能要求，编写相应的功能函数来完成相应的操作，从而实现具体的自动评分功能。

5. 详细设计

（1）数据结构设计。

定义选手结构体数据类型：

```
typedef struct player
{
    int pno;                //选手编号
    char name[11];          //姓名
    float grade[100];       //评委给出的评分，最多 100 个评委
    float evaluation;       //总评成绩
    int rank;               //竞赛
}Player;
```

（2）主函数设计。

主函数设计要求简洁，只提供部分提示语和函数的调用语句。由于功能项较多，使用 case 语句结构，主函数流程图如图 4-2 所示。

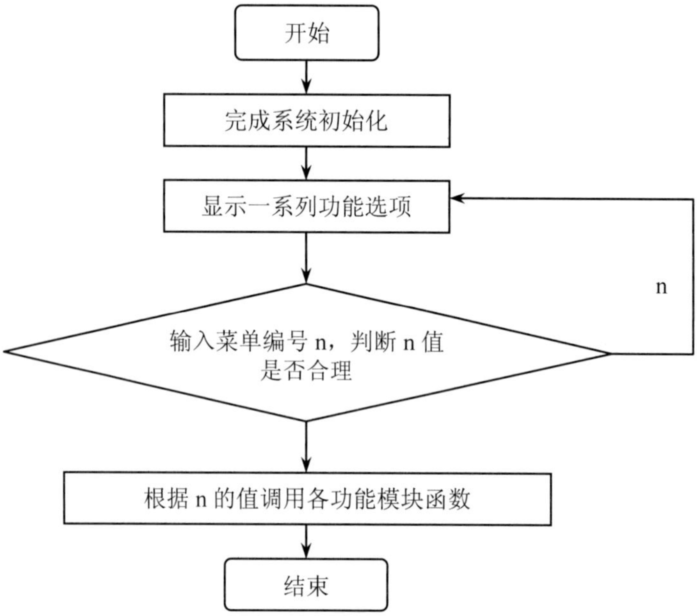

图 4-2　流程图

（3）主要函数设计。

主要的函数与各功能模块基本是一一对应的关系，并且函数名称能充分反映出其具体功能。对于某些多项功能均需要使用到的处理，可以将其代码进行封装，编写成基础函数，以便于后期的重复使用，提高程序的编写效率，降低其调试难度。

为保证选手数据的可重复利用性，要执行各项基本功能后，一方面将执行完处理后的相关信息显示在屏幕上供用户查阅，另一方面将处理结果以文件的形式保存到计算机中，这样可以提高程序的健壮性。

该系统编写了如图 4-3 所示的函数，各函数的功能在程序清单中有详细的说明，读者可逐个阅读以掌握整个系统的编写。

```
calGame(void)
exitSystem(void)
init(void)
inputGrade(void)
inputs(char *pro, char *s, unsigned int count)
main(void)
menu(void)
saveInfo(void)
setEvaluation(int i)
setRank(void)
showGame(void)
welcome(void)
```

图 4-3　函数

6. 程序代码

```
#include "stdio.h"
#include "dos.h"
#include "string.h"
#include "stdlib.h"
#include <windows.h>

#define MAX 100

//定义选手结构体数据类型
typedef struct player
{
    int pno;                    //选手编号
    char name[11];              //姓名
    int grade[100];             //评委给出的评分，最多 100 个评委
    float evaluation;           //总评成绩
    int rank;                   //竞赛
}Player;

int playerN;                    //选手人数
int judgeN;                     //评委人数
Player allPlayer[MAX];          //选手数组
char filename[51]="";
int init();
int setEvaluation( int i);
int setRank();
int saveInfo();

//函数功能：显示欢迎界面并进行系统初始化
//参数说明：无
//返回值：
int welcome()
{
    printf("\n\n\n\t\t\t 欢迎进入竞赛自动评分系统！ \n\n");
    init();
    Sleep(1000);
    return 0;
}

//函数功能：输入定长字符串
//参数说明：pro，提示用户要输入的信息
//s，将用户的输入的字符串保存至这个变量中
//count，用户输入字符串的字符最大数量，防止溢出
//返回值：整型值
```

```
int inputs(char *pro,char *s,unsigned count)
{
    char p[255];
    do{
        printf(pro);
        gets(p);
        if(strlen(p)>count)
        {
            printf("\n 你输入的字数太多!\n");
        }
    }while(strlen(p)>count);
    strcpy(s,p);
    return 0;
}

//函数功能：从配置文件中读取选手人数及评委人数，进行系统初始化
//配置文件格式为用空格分隔的两个整数，前一个整数为选手人数，后一个整数为评委人数
//参数说明：无
//返回值：无
int init()
{
    FILE *pf;
    int i,j;
    inputs("请输入文件名(D:\\game.ini):",filename,50);
    if(strlen(filename)==0)
        strcpy(filename, "D:\\game.ini");        //默认文件名为 C:\game.ini
    if((pf=fopen(filename,"r"))==NULL)        //若文件不存在则直接给定默认值
    {
        strcpy(filename, "D:\\game.ini");        //默认文件名为 C:\game.ini
        playerN = 5;
        judgeN = 5;
        return 0;
    }
    fscanf(pf,"%d %d",&playerN,&judgeN);
    for(i=0;i<playerN;i++)
    {
        fscanf(pf,"%s %f %d",&(allPlayer[i].name),&(allPlayer[i].evaluation),&(allPlayer[i].rank));
        for(j=0;j<judgeN;j++)
            fscanf(pf,"%d",&(allPlayer[i].grade[j]));
    }
    fclose(pf);
    return 0;
}
```

```
//函数功能：对选手成绩进行自动化评分
//先根据评委评定的分数，在去除最高分和最低分后设置选手的总评成绩
//再根据选手的总评成绩统计各选手的比赛排名
//最后将统计结果自动保存到文件中，以便将来显示竞赛情况
//参数说明：无
//返回值：无
int calGame()
{
    int i;
    for(i=0;i<playerN;i++)
        setEvaluation(i);
    setRank();
    saveInfo();
    return 0;
}

//函数功能：根据选手总评成绩设置选手的排名
//参数说明：无
//返回值：无
int setRank()
{
    int i,j;
    int max,currentRank=0;           //max 最后一个名次的下标 currentRank  最末名次
    int rank[MAX]={0};               //存放各选手名次的数组
    float allEvaluation[MAX]={0};    //用于排名次的存放各选手总评分的数组
    float maxEvaluation = 0;         //最高总评成绩
    //复制选手总评成绩到排序数组中
    for(i = 0 ;i<playerN;i++)
        allEvaluation[i]= allPlayer[i].evaluation;
    //统计各选手的排名情况
    for(i=0;i<playerN;i++)
    {
        max=0;
        for(j=0;j<playerN;j++)
        {
            if(allEvaluation[max]<allEvaluation[j]) max=j;
        }
        if(maxEvaluation==allEvaluation[max])    rank[max]=currentRank;
        else
            rank[max]=i+1;
        currentRank=rank[max];
        maxEvaluation=allEvaluation[max];
        allEvaluation[max] = 0;
    }
```

```
    //将排名结果存入到选手结构体数组中
    for(i=0;i<playerN;i++)
    {
        allPlayer[i].rank = rank[i];
    }
    return 0;
}

//函数功能：根据选手竞赛过程中各评委评定的成绩设置选手的总评成绩
//参数说明：i 选手编号
//返回值：无
int setEvaluation( int i)
{
    int j;
    float sum ;                              //存放总分
    float max,min;                           //最高分与最低分
    max = min = sum = allPlayer[i].grade[0]; //将第一位评委的评分存入总分、最高分、最低分
    for(j=1;j<playerN;j++)
    {
        sum += allPlayer[i].grade[j];
        if(allPlayer[i].grade[j]>max)
            max =allPlayer[i].grade[j];
        if(allPlayer[i].grade[j]<min)
            min =allPlayer[i].grade[j];
    }
    sum -=(min+max);                              //去除最高分与最低分
    allPlayer[i].evaluation = sum/(judgeN-2);     //计算平均成绩
    return 0;
}


//函数功能：退出界面
//参数说明：无
//返回值：无
int exitSystem()
{
    int i;
    printf("\n\n\n\t\t 谢谢使用！ ");
    printf("\n\n\n\t 正在退出系统……");
    Sleep(1000);
    for(i=0;i<5;i++)
    {
        printf("…");
```

```
        Sleep(500);
    }
    printf("\n");
    return 0;
}

//函数功能：菜单项
//参数说明：无
//返回值：用户的选择（整型值）
int menu()
{
    int userChoice;     //用户选择的菜单项编号
    int menuNum;        //菜单总数
    char s[3];          //键盘输入的字符
    char *menu[]={
        "\n\t 1.录入选手评分",
        "\n\t 2.统计比赛结果",
        "\n\t 3.保存选手成绩",
        "\n\t 4.查看竞赛成绩",
        "\n\t 5.退出系统"
    };
    for(menuNum=0;menuNum<5;menuNum++)
        printf(menu[menuNum]);
    do
    {
        printf("\n 请选择操作(1-5):");
        scanf("%s",s);
        userChoice=atoi(s);
    }while(userChoice<1||userChoice>5);
    return (userChoice);
}

//函数功能：保存竞赛情况的数据
//参数说明：无
//返回值：无
int saveInfo()
{
    int i,j;
    FILE *pf;
    ;
    if((pf=fopen(filename,"w+"))==NULL)
    {
        printf("出错了！ ");
        return -1;
```

```
    }
    fprintf(pf,"%d %d\n",playerN,judgeN);
    for(i=0;i<playerN;i++)
    {
        fprintf(pf,"%s %6.2f %d\n",allPlayer[i].name,allPlayer[i].evaluation,allPlayer[i].rank);
        for(j=0;j<judgeN;j++)
            fprintf(pf,"%d ",allPlayer[i].grade[j]);
        fprintf(pf,"\n");
    }
    fclose(pf);
    return 0;
}

//函数功能：显示比赛结果
//参数说明：无
//返回值：无
int showGame()
{
    int i,j;
    printf("\n-----------------------------------------------------------\n");
    printf("竞赛情况为：\n");
    printf("选手人数：%d\t 评委人数：%d\n",playerN,judgeN);
    for(i=0;i<playerN;i++)
    {
        printf("\n-----------------------------------------------------------\n");
        printf("%d 号选手基本信息：\n\t 姓名\t%s\t 总评分\t%6.2f\t 竞赛名次\t%d\n",i+1,allPlayer[i].name,
             allPlayer[i].evaluation,allPlayer[i].rank );
        printf("评委打分情况：");
        for(j=0;j<judgeN;j++)
            printf("%d ",allPlayer[i].grade[j]);
    }
    printf("\n-----------------------------------------------------------\n");
    return 0;
}

//函数功能：录入竞赛评分
//参数说明：无
//返回值：无
int inputGrade()
{
    int i,j;
    printf("请根据提示依次完成选手的竞赛情况录入\n");
    for(i = 0; i<playerN;i++)
    {
```

```
        allPlayer[i].pno = i;
        printf("请输入第%d 名选手信息:\n\t 姓名",i+1);
        scanf("%s",&(allPlayer[i].name));
        printf("\t 请输入%d 名评委评分:\n",judgeN);
        for( j = 0;j<judgeN;j++)
            scanf("%d",allPlayer[i].grade+j);
    }

    return 0;
}

main()
{


    welcome();//欢迎界面及系统初始化
    for(;;)
    {
        switch(menu())
        {    //成绩录入模块
        case 1: inputGrade(); break;
            //统计竞赛结果
        case 2: calGame();break;
            //保存竞赛结果
        case 3: saveInfo();break;
            //查看竞赛成绩
        case 4: showGame();break;
            //退出系统
        case 5: exitSystem();return 0;
        }
    }
}
```

设计五　图书管理系统

图书馆是同学们借阅图书的地方，自然每天都会有许多同学来借书、还书。由于学校有很多学生，图书馆有很多不同的图书，人工管理不仅工作效率低而且还浪费人力资源。利用所学知识开发一个简易图书管理系统，不仅可以摆脱人工管理带来的一系列问题，提高了工作效率，而且可以巩固知识，起到学以致用的作用。下面介绍如何利用 C 语言来开发一个简易的图书管理系统。

1．设计目的

利用 C 语言的单链表数据结构和相关知识，开发一个简易图书管理系统。

通过本节的介绍，读者可以了解图书管理系统的开发过程，掌握菜单的编写技巧，加深对函数、链表、文件操作和常用函数的理解，并运用到实际开发中。

2. 功能描述

图书管理系统涉及两类实体对象，即学生与图书资料，学生通过借阅和归还图书与图书资料联系起来，为此可以考虑实现以下基本功能：

（1）图书资料的基本信息管理：主要包括添加、修改、删除图书资料。在删除图书资料的情况下运用类似于 Windows 回收站的功能来实现，以免误删除操作的发生。

（2）学生基本信息管理：主要包括添加、修改、删除、查找与排序学生信息。

（3）图书借阅与归还管理：借阅图书与归还图书。

为方便操作与使用已用信息，还必须包含文件功能，让已有数据信息保存到文件中，以便下次再次使用。

（4）文件操作：保存图书信息、学生信息到文件，从一个已知的文件中读取图书信息和学生信息。

3. 总体设计

图书馆管理系统功能模块如图 5-1 所示。

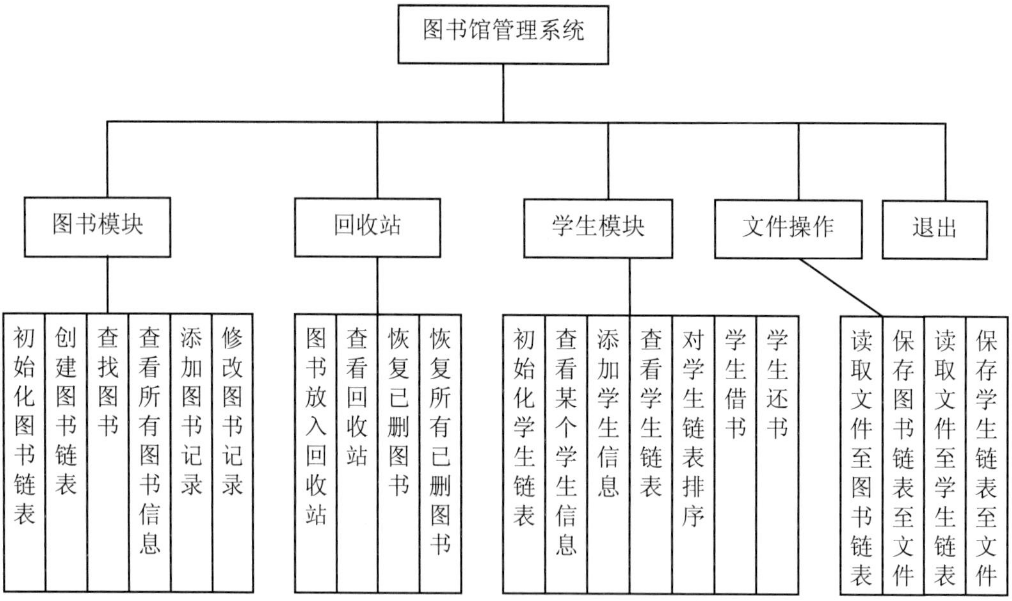

图 5-1　系统功能模块图

4. 设计思路

为方便数据的插入与删除，建议使用链表来实现上述基本操作。为此构建成 3 个数据链表，分别是图书信息链表、学生信息链表和回收站信息链表。每个链表中的数据部分即为需要表达的基本数据信息。在功能模块中的信息录入、浏览、查询、删除和修改等操作均由相应的函数来实现，另外还需提供选择菜单实现功能，以执行相应的功能。

5. 详细设计

（1）数据结构设计。

定义图书结构体数据类型：

```
typedef struct book
{
    int del;                    //表示书是否被放入回收站，为 0 表示放入了回收站
    char id[11];                //书编号
    char name[11];              //书名
    char author[11];            //书作者
    char price[6];              //书价格
    char publisher[21];         //出版社
    int amount;                 //书的数量
    struct book *next;          //指向下一本书的指针
}Book;
```

定义图书结构体数据类型：

```
typedef struct Student
{
    int del;                    //指示该学生是否被删除
    long int stunum;            //学号
    char name[8];               //姓名
    char code[21];              //借书证号
    char book_id[5][11];        //每人最多 5 本书，存储图书编号
    struct Student *next;       //指向下一个学生的指针
}Stu;
```

（2）主函数设计。

主函数设计要求简洁，只提供部分提示语和函数的调用语句。由于功能项较多，使用 case 语句结构，主函数流程图如图 5-2 所示。

（3）主要函数设计。

函数是程序的基础，一个好的系统必然会有一个好的函数体系，通常情况下，函数设计从功能上讲应该满足比较单一的功能，不要将复杂的内容全部放入一个函数中，函数宜短不宜长。

函数名是函数设计的第一步，命令除满足 C 语言语法外，最好能够用英文单词表示，做到见到函数名就能基本猜出其功能。第二是设计好函数的参数，参数按需设置，可多可少，各种类型均可使用。第三是设计函数的返回值类型，通常情况如果不需要函数返回一个结果则定义为 void 类型，否则定义为相应的数据类型。

该系统设置了如图 5-3 所示的函数，各函数的功能在程序清单中有详细的说明，读者可逐个阅读以掌握整个系统的编写。

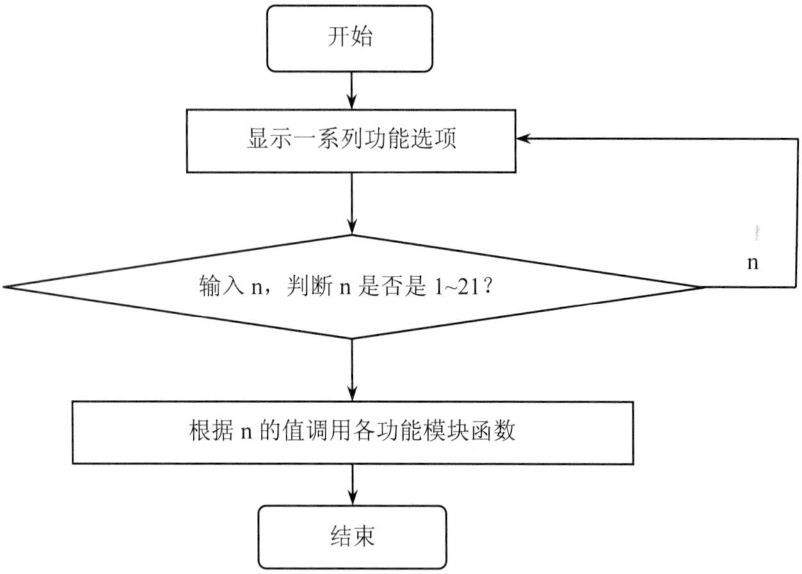

图 5-2 流程图

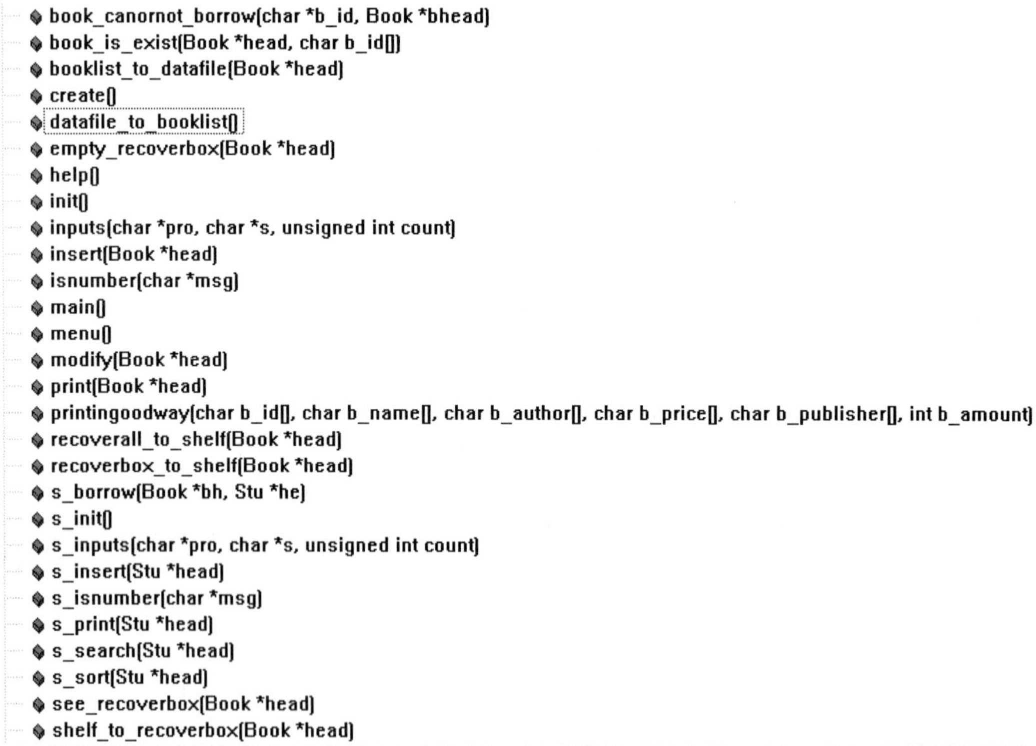

图 5-3 函数

6. 程序清单

```
#include "stdio.h"
#include "dos.h"
```

```
#include "string.h"
#include "stdlib.h"
#include <windows.h>

                        //定义了图书和学生结构体数据类型
typedef struct book
{
    int del;                //指示书是否被放入回收站，为 0 表示放入了回收站
    char id[11];            //书编号
    char name[11];          //书名
    char author[11];        //书作者
    char price[6];          //书价格
    char publisher[21];     //出版社
    int amount;             //书的数量
    struct book *next;      //指向下一本书的指针
}Book;

typedef struct Student
{
    int del;                //指示该学生是否被删除
    long int stunum;        //学号
    char name[8];           //姓名
    char code[21];          //借书证号
    char book_id[5][11];    //每人最多 5 本书，存储图书编号
    struct Student *next;
}Stu;

int see_recoverbox(Book *head);

//函数功能：输入定长字符串
//参数说明：pro，提示用户要输入的信息
//s，将用户输入的字符串保存至这个变量中
//count，用户输入字符串的字符最大数量，防止溢出
//返回值：整型值
int inputs(char *pro,char *s,unsigned count)
{
    char p[255];
    do{
      printf(pro);
      scanf("%s",p);
      if(strlen(p)>count)
      {
          printf("\n 你输入的字数太多!\n");
      }
```

```
        }while(strlen(p)>count);
        strcpy(s,p);
        return 0;
    }

    //函数功能：通过字符数组来得到一个数据（输入给定范围的整数）
    //参数说明：msg，提示用户输入什么（提示信息）
    //返回值：返回一个整型变量
    int isnumber(char *msg)
    {
        int i,j,hh,len;
        char pp[50];
        for(;;)
         {
            j=0;
            strcpy(pp,"");
            printf("%s",msg);
            scanf("%s",pp);
            printf("falg1==");
            len=strlen(pp);
            for(i=0;i<len;i++)
            {
                if(pp[i]<'0'||pp[i]>'9'||pp[i]=='-')
                {
                    j=1;
                    break;
                }
            }
            if(j==1)
            {
                printf("\n 你输入的不是数字！请检查!\n");

            }
            else
            {
                hh=atoi(pp);
                if(hh>5000)
                {
                    printf("\n 你输入的数量超过了 5000 本!");
                    continue;
                }
                else
                {
                    break;
```

```
            }
        }
    }
    printf("flag2=%d",hh);
    return hh;
}


//函数功能：输入字符串，并进行长度验证
//参数说明：pro，提示用户要输入的信息
//s，将用户输入的字符串保存至这个变量中
//count，用户输入字符串的字符最大数量，防止溢出
//返回值：整型值
int s_inputs(char *pro,char *s,unsigned count)
{
      char p[255];//
      do{
        printf(pro);
        scanf("%s",p);
        if(strlen(p)>count)
        {
            printf("\n 你输入的字数太多!\n");
        }
      }while(strlen(p)>count);
      strcpy(s,p);
      return 0;
}

//函数功能：通过字符数组来得到一个数据
//参数说明：msg，提示用户输入什么（提示信息）
//返回值：返回一个长整型变量
long int s_isnumber(char *msg)
{
    int i,j,len;
    long int hh;
    char pp[50];
    for(;;)
     {
       j=0;
       strcpy(pp,"");
       printf("%s",msg);
       scanf("%s",pp);
       len=strlen(pp);
       for(i=0;i<len;i++)
```

```
            {
                if(pp[i]<'0'||pp[i]>'9'||pp[i]=='-')
                {
                    j=1;
                    break;
                }
            }
            if(j==1)
            {
                printf("\n 非数字!!!!!!!!!!\n");

            }
            else
            {
                hh=(long int)atoi(pp);
                if(hh>30000||hh<0)
                {
                    printf("%ld",hh);
                    printf("\n 错误!!!!!!!!(>30000||<0)!");
                    continue;
                }
                else
                {
                    break;
                }
            }
        }
        return hh;
}

//函数功能：在学生链表中判断学号是否存在
//参数说明：number，要判断的学号
//head，学生链表
//返回值：1 为该学号存在；0 为该学号不存在
int stuisexist(long int number,Stu *head)
{
    int i;
    Stu *pp;
    i=0;
    pp=head;
    while(pp!=NULL)
    {
        if(pp->stunum==number)
        {
```

```
            i=1;
            break;
          }
          pp=pp->next;
      }
      return i;
}

//函数功能：根据书号查找该书是否存在
//参数说明：head，图书链表
//b_id，要查找的图书编号
//返回值：1为该书存在；0为该书不存在
int book_is_exist(Book *head,char b_id[11])
{
    int exist;
    Book *ee;
    exist=0;
    ee=head;
    while(ee!=NULL)
    {
        if(strcmp(ee->id,b_id)==0)
        {
            exist=1;
            break;
        }
        ee=ee->next;
    }
    rcturn exist;
}

//函数功能：添加信息到链表（支持重复添加）
//参数说明：head，一个学生链表（可以为空）
//返回值：返回一个学生链表
Stu *s_insert(Stu *head)
{
    char c;
    int i;
    Stu *info,*p,*q;
    for(;;)
    {
        p=head;
        info=(Stu *)malloc(sizeof(Stu));
        if(!info)
        {
```

```
            exit(0);
        }
        info->del=1;
        do
        {
            info->stunum=s_isnumber("学号:");
            if(stuisexist(info->stunum,p)==1)
                printf("\n 该学号已经存在！ ");
        }while(stuisexist(info->stunum,p));
        s_inputs("姓名： ",info->name,8);
        s_inputs("借书证号:",info->code,20);
        for(i=0;i<5;i++)        //初始化借书信息为空
        {
            strcpy(info->book_id[i],"");
        }
        info->next=NULL;
        if(head==NULL)
        {
            head=info;
            p=head;
        }
        else
        {
            while(p!=NULL)
            {
                q=p;
                p=p->next;
            }
            q->next=info;
        }
        c=' ';
        printf("\n 继续吗?输入 n  结束\n");
        c=getche();
        if(c=='n'||c=='N') break;
    }
    printf("\n 学生注册成功!");
    getche();
    return (head);
}

//函数功能：输出学生链表中的学生信息
//参数说明：head，一个学生链表（可以为空）
//返回值：返回一个整型值（该链表中的结点个数）
int s_print(Stu *head)
```

```
{
    int i,j;
    Stu *p;
    if(head==NULL)
    {
        printf("\n 还没有学生注册!");
        Sleep(2000);
        return 0;
    }
    i=0;
    p=head;
    printf("\n 学生:\n\n");

    while(p!=NULL)
    {
        if(p->del==1)
        {

            printf("学号:%ld",p->stunum);
            printf("\t 姓名:%s",p->name);
            printf("\t 密码:%s",p->code);
            printf("\n 该生已借的书:");
            printf("\n 书号为:");
            for(j=0;j<5;j++)
                printf("\t%s",p->book_id[j]);
            i++;
            if(i>10&&i%10==0)       //一屏显示 10 个学生信息
            {
                printf("\n 按任意键查看下一屏......\n");
                getche();
            }
        }

        p=p->next;
        printf("\n");
    }

    printf("\n 继续......");
    getche();
    return i;
}

//函数功能：对学生链表排序
//参数说明：head，一个学生链表（可以为空）
```

```
//返回值：返回一个排好序的学生链表
Stu *s_sort(Stu *head)
{
    Stu *p0,*p1,*p3;//p1 是头指针，p2 是活动指针，p3 是 p2 的上面的指针
    p0=head;
    p1=p0->next;
    if(p0==NULL||p1==NULL)
    {
        return head;
    }
    if(p0->stunum>p1->stunum)
    {
        head=p1;
        p0->next=p1->next;
        p1->next=p0;

    }
    for(;;)
    {
        //先找出一个较小的值，把它从链表中删除并赋给 p3
        p3=(Stu *)malloc(sizeof(Stu));
        if(!p3)
        {
            printf("\n 内存问题！程序即将关闭!");
            getche();
            return head;

        }
        p3=NULL;
        p0=p1=head;
        while(p0!=NULL)
        {
            if(p0->stunum<p1->stunum)
            {
                p1->next=p0->next;
                p3=p0;
                p3->next=NULL;
                break;
            }
            p1=p0;
            p0=p0->next;
        }     //循环结束，得到一个 p3

        if(p3==NULL)
```

```
        {
            break;
        }
        p1=head;
        p0=p1->next;
        while(p0!=NULL)
        {
            if(p3->stunum<p1->stunum)
            {
                p3->next=p1;
                head=p3;
                break;
            }
            if(p0->stunum>p3->stunum&&p1->stunum<p3->stunum)
            {
                p3->next=p0;
                p1->next=p3;
                break;
            }
            p1=p0;
            p0=p0->next;
        }

    }
    return head;
}


//函数功能：查看某一个学生信息
//参数说明：
//返回值：
int s_search(Stu *head)
{
    int sexist,a;
    long int number;
    Stu *aa;
    if(head==NULL)
    {
        printf("\n 还没有学生注册!");
        getche();
        return 0;
    }
    number=s_isnumber("\n 请输入你要查找的学号:");
    aa=head;
```

```
    while(aa!=NULL)
    {
        if(aa->stunum-number==0)
        {
            printf("\n 该学生已注册:");
            printf("\n 学号:%ld",aa->stunum);
            printf("\姓名:%s",aa->name);
            printf("\借书证号:%s",aa->code);
            printf("\n 该生已借的书有:\n");
            for(a=0;a<5;a++)
            {
                printf("%s\t",aa->book_id[a]);
            }
            sexist=1;
            break;
        }
        aa=aa->next;
    }
    if(sexist==0)
    {
        printf("\n 该学号尚未注册!");
        getche();
    }
    return sexist;
}

//函数功能：学生借书
//参数说明：bh，图书链表
//he，学生链表
//返回值：1 为借书成功；0 为借书不成功
int s_borrow(Book *bh,Stu *he)
{
        int bookisexist,studentnumberexist,maxamount,f;
    long int stuid;
    Book *pp;
    Stu *kk;
    char b_id[11];
    bookisexist=0;              //bookisexist 指示学生要借的书是否存在
    studentnumberexist=0;       //studentnumberexist 指示学号是否存在
    maxamount=0;                //maxamount 为 1 表示该学生已经借满了书
    inputs("请输入你要借的图书编号:",b_id,10);
    pp=bh;
    if(pp==NULL)
    {
```

```
    printf("\n 尚未添加任何图书！ ");
    Sleep(1000);
    return 0;
}
if(he==NULL)
{
    printf("\n\t 你尚未注册！ ");
    Sleep(1000);
    return 0;
}
while(pp!=NULL)        //在图书链表中找书
 {
    if(pp->del==1&&strcmp(pp->id,b_id)==0&&pp->amount>0)
    {
        bookisexist=1;
        break;
    }
    pp=pp->next;
 }
if(!bookisexist)
{
    printf("\n 你要借的书不存在!");
    getche();
    return 0;
}

 stuid=s_isnumber("请输入你的学号:");
 kk=he;
while(kk!=NULL)                //在学生链表中找学号
{
    if(kk->stunum-stuid==0)
    {
        studentnumberexist=1;  //这个表示该学号存在
        for(f=0;f<5;f++)
        {
            if(strlen(kk->book_id[4])>0)
            {
                maxamount=1;  //这个表示该学号已借满
                break;
            }
        }
    }
    kk=kk->next;
}
```

```
if(studentnumberexist==0)
{
    printf("\n 你尚未注册!");
    getche();
    return 0;
}
if(maxamount==1)
{
    printf("\n 你已借满 5 本书!");
    getche();
    return 0;
}
 //如果修改图书链表书的数目成功，则再修改学生链表的借书数
 //修改图书链表，库存数-1
pp=bh;
while(pp!=NULL)
{
    if(strcmp(pp->id,b_id)==0)
    {
        pp->amount=--pp->amount;
        break;
    }
    pp=pp->next;
}
//修改学生链表
kk=he;
while(kk!=NULL)
{
    if(kk->stunum-stuid==0)
    {
        for(f=0;f<5;f++)
        {
            if(strlen(kk->book_id[f])==0)
            {
                strcpy(kk->book_id[f],b_id);
                break;
            }
        }
    }
    kk=kk->next;
}
//两个链表都修改成功
printf("\n 借书成功!");
getche();
```

```
    return 1;
}

//函数功能：学生还书
//参数说明：he，图书链表；se，学生链表
//返回值：1 为还书成功；0 为还书不成功
int b_back(Book *he,Stu *se)
{
    int f,k;
    long int stuid;
    Book *pp;
    Stu *kk;
    char b_id[11];
    if(he==NULL)
    {
        printf("\n 尚未添加任何图书！ ");
        Sleep(1000);
        return 0;
    }
    if(se==NULL)
    {
        printf("\n\t 你尚未注册！ ");
        Sleep(1000);
        return 0;
    }
    inputs("请输入你要还的图书编号:",b_id,10);
    stuid=s_isnumber("请输入你的学号:");
    //修改学生表
    kk=se;
    while(kk!=NULL)
    {
        if(kk->stunum-stuid==0)
        {
            for(f=0;f<5;f++)
            {
                if(strcmp(kk->book_id[f],b_id)==0)
                {
                    strcpy(kk->book_id[f],"");
                    for(k=f;k<4;k++)        //删除书号，数组后面的元素前移
                    {
                        if(strlen(kk->book_id[k])==0)
                        {
                            strcpy(kk->book_id[k],kk->book_id[k+1]);
                            strcpy(kk->book_id[k+1],"");
```

```
                    }
                }
                break;
            }
        }
    }
    kk=kk->next;
}
//修改图书表，书的库存数+1
pp=he;
while(pp!=NULL)
{
    if(strcmp(pp->id,b_id)==0)
    {
        pp->amount++;
        break;
    }
    pp=pp->next;
}
 printf("\n 还书成功!");
 getche();
 return 1;

}

//函数功能：查看图书编号是否存在和此书数目是否大于 0，如果两者都成立，则返回 1，证明可以借出
//参数说明：b_id，图书的编号；bhead，图书链表
//返回值：1 为此书可以借；0 为图书不可以借
int book_canornot_borrow(char *b_id,Book *bhead)
{
    int exist;
    Book *bb;
    bb=bhead;
    if(!strlen(b_id))
    {
        return 0;
     }
     exist=0;

     while(bb!=NULL)
     {
        if(bb->del==1 && strcmp(bb->id,b_id)==0 && bb->amount>0)
        {
            exist=1;
```

```
            break;
        }
        bb=bb->next;
    }
    return exist;

}

/* 函数功能：格式化输出信息
参数说明：b_id，图书的编号；b_name，书名；b_author，图书作者；b_price，图书价格
b_publisher，图书出版社；b_amount，图书库存
返回值：0   */

int printingoodway(char b_id[11],char b_name[11],char b_author[11],char b_price[6],char b_publisher[21],int
b_amount)
{
    printf("\t|----------|----------|----------|----------|----------|----------|\n");

printf("\t|%-10s|%-10s|%-10s|%-10s|%-10s|%-10d|\n",b_id,b_name,b_author,b_price,b_publisher,b_amount);
    return 0;
}

//函数功能：创建图书链表
//参数说明： 无
//返回值：返回一个图书链表
Book *create()
{
    int a;
    char c;
    char bb_id[11];
    Book *head,*p,*q;   //head 头指针
    a=1;
    head=NULL;
    q=head;
    printf("开始创建图书链表!\n\n");
    for(;;)
    {
        c=' ';
        strcpy(bb_id,"");
        printf("按任意键继续添加 或者 按 n 返回......");
        c=getche();
        if(c=='N'||c=='n') break;
        printf("\n 请输入第%d 本书",a);
```

```
            inputs("编号:",bb_id,10);
            if(strlen(bb_id)==0)
            {
                printf("图书编号不能为空,重新输入!\n");
                continue;
            }
            if(book_is_exist(head,bb_id)==1)
            {
                printf("该图书编号已存在,重新输入!\n");
                continue;
            }
            p=(Book *)malloc(sizeof(Book));
            if(!p)    exit(0);
            p->del=1;
            strcpy(p->id,bb_id);
            inputs("请输入图书名称:",p->name,10);
            inputs("请输入图书作者:",p->author,10);
            inputs("请输入图书价格:",p->price,5);
            inputs("请输入图书出版社:",p->publisher,20);
            p->amount=isnumber("请输入图书数量(5000 以下): ");
            printf("------------");
            p->next=NULL;
            if(head==NULL)      //当前为空表，修改头指针
            {
                head=p;
                q=p;
            }
            else
            {
                q->next=p;              //尾插法
                q=p;
            }
            a++;
        }
        printf("\n\n 添加图书成功!");
        printf("\n 按任意键返回......");
        getche();
        return head;
}

//函数功能：输出图书链表中的图书信息
//参数说明：head，图书链表
//返回值：图书数量
```

```
int print(Book *head)
{
    int i;
    Book *p;
    if(head==NULL)
    {
        printf("\n 图书链表为空！请返回重新操作!");
        Sleep(2000);
        return 0;
    }
    i=0;
    p=head;
    printf("\n 以下为库存信息:\n\n");
    printf("\t|---编号---|---书名---|---作者---|---价格---|---出版---|---数量---|\n");
    while(p!=NULL)
    {
        if(p->del==1)
        {
            printingoodway(p->id,p->name,p->author,p->price,p->publisher,p->amount);
            i++;
        }
        p=p->next;
        if(i>10&&i%10==0)
        {
            printf("\n 按任意键查看下一屏......\n");
            getche();
        }
    }
    printf("\t|----------|----------|----------|----------|----------|----------|\n");
    printf("\n 按任意键继续…...");
    getche();
    getche();
    return i;
}


//函数功能：添加信息到链表（支持重复添加）
//参数说明：head，图书链表
//返回值：返回添加后的图书链表
Book *insert(Book *head)
{
    char c;
    char bbb_id[11];
    Book *info,*p,*q;
```

```
for(;;)
{
    strcpy(bbb_id,"");
    inputs("请输入将要添加的书的编号:",bbb_id,10);
    if(book_is_exist(head,bbb_id)==1)
    {
        printf("该编号已存在!\n");
        continue;
    }
    p=head;
    info=(Book *)malloc(sizeof(Book));
    if(!info)
    {
        exit(0);
    }
    info->del=1;
    strcpy(info->id,bbb_id);
    inputs("请输入图书名称：",info->name,10);
    inputs("请输入图书作者：",info->author,10);
    inputs("请输入图书价格：",info->price,5);
    inputs("请输入图书出版社：",info->publisher,20);
    info->amount=isnumber("请输入图书数量(5000 以下)：");
    info->next=NULL;
    if(head==NULL)
    {
        head=info;
    }
    else
    {
        while(p!=NULL && strcmp(info->id,p->id)>0)
        {
            q=p;
            p=p->next;
        }
        q->next=info;//按书号有序插入图书
        info->next=p;
    }
    c=' ';
    printf("\n 按任意键继续添加  或者  按 n 结束添加\n");
    c=getche();
    if(c=='n'||c=='N') break;
}
printf("\n 添加图书成功！ \n 按任意键返回主菜单……");
getche();
```

```
    return (head);
}

//函数功能:在图书链表中查找某一本书
//参数说明:head，图书链表
//返回值:1 表示该书存在；0 为该书被借完或者没有或者在回收站里

int b_search(Book *head)
{
    int bbexist;
    char sb_id[11];
    Book *ss;
    ss=head;
    if(ss==NULL)
    {
        printf("\n 尚未添加任何图书!");
        return 0;
    }
    bbexist=0;
    inputs("请输入你要查找的图书编号:",sb_id,10);
    while(ss!=NULL)
    {
        if(strcmp(ss->id,sb_id)==0)
        {
            if(ss->del==1)
            {
                printf("\n 该图书已找到:");
                printf("\n 图书编号: %s\n 图书名称:%s\n 图书作者:%s\n 图书价格:%s\n 图书出版社:%s\n
                  该书库存量:%d" ,ss->id,ss->author, ss->price, ss->price, ss->publisher,ss->amount);
                bbexist=1;
            }
            else
            {
                printf("\n 该书已被删除至回收站!");
                bbexist=0;
            }
            break;
        }
        ss=ss->next;
    }
    if(bbexist==0)
    {
        printf("\n 该书不存在");
    }
```

```
    printf("按任意键继续......");
    getche();
    return bbexist;
}

//函数功能：修改信息（支持一次修改多个信息）
//参数说明：head，图书链表
//返回值：0

int modify(Book *head)
{
    char c,d;
    char modid[11];
    char newid[11];
    Book *p,*k;
    if(head==NULL)
    {
        printf("\n 图书链表为空！请返回重新操作!");
        Sleep(2000);
        return 0;
    }
    for(;;)
    {
        strcpy(modid,"");
        strcpy(newid,"");
        k=head;
        inputs("\n 请输入要修改的书的编号:",modid,10);
        p=head;
        while(p!=NULL)
        {
            if(0==strcmp(p->id,modid)&&p->del==1)
            {
                printf("\n 要修改的书已经找到:\n\n");
                printingoodway(p->id,p->name,p->author,p->price,p->publisher,p->amount);
                printf("\n 你确认要修改：任意键--继续；n--返回\n");
                d=getche();
                if(d=='n'||d=='N')break;
                else
                {
                    inputs("修改后的图书编号:",newid,10);
                    if(book_is_exist(k,newid)==1)
                    {
                        printf("该编号已存在!\n");
                        continue;
```

```
                }
                strcpy(p->id,newid);
                inputs("修改后的书名：",p->name,10);
                inputs("修改后的作者：",p->author,10);
                inputs("修改后的价格：",p->price,5);
                inputs("修改后的出版社：",p->publisher,20);
                p->amount=isnumber("修改后的图书数量(5000 以下):");
            }
        }
        p=p->next;
    }
    printf("\n 按任意键继续修改/按 n 结束修改");
    c=getche();
    if(c=='n'||c=='N')break;
  }
  return 0;
}

//函数功能：把图书列表中的图书放入回收站（一次可最多将 10 本书放入回收站）
//参数说明：head，图书链表
//返回值：0

int shelf_to_recoverbox(Book *head)
{
  int ii,j,k,l,sum;
  char c;
  char delid[10][11];   //这里用二维数组较好
  Book *p;
  if(head==NULL)
  {
    printf("\n 图书链表为空！请返回重新操作!");
    Sleep(2000);
    return 0;
  }
  for(;;)
  {
    sum=0;
    printf("\n 当前书架上的图书列表：\n");
    p=head;
    sum=print(p);
    printf("\n 任意键--把书放入(继续放入)回收站；n--返回:\n");c=getche();
    if(c=='n') break;
    p=head;
    ii=0;
```

```
    j=0;
    k=0;
    l=0;
    c=' ';

    printf("\n\n 请输入你这一次要删除的书的数量(1--%d)，一次最多 10 本:",sum);
    scanf("%d",&ii);

    if(ii<=0||ii>=11||ii>sum)
    {
        printf("\n\n 你只能输入(1--%d)的数字！ \n",sum);
        break;
    }
    for(j=0;j<ii;j++)
    {
        strcpy(delid[j],"");
        printf("\n 你要删除的第%d 本书的:",j+1);
        inputs("编号:",delid[j],10);
        if(strlen(delid[j])==0)break;
    }
    printf("\n 你将删除以下编号的书：\n");
    for(k=0;k<ii;k++)
    {
        printf("编号:%s\n",delid[k]);
    }
    printf("按任意键开始把书放入回收站......\n");
    getche();
    for(l=0;l<ii;l++)
    {
        p=head;
        while(p!=NULL)
        {
            if(strlen(delid[l])==0)break;
            if(0==strcmp(p->id,delid[l]))
            {
                p->del=0;
            }
            p=p->next;
        }
        printf("\n 删除第%d 本书成功!",l+1);
        Sleep(500);
    }

}
```

```
    printf("\n 你已成功地把书放入了回收站!\n");
    printf("\n 按任意键返回主菜单......");
    getche();
    return 0;
}

//函数功能：把回收站中的图书还原到图书链表（一次只能还原一本）
//参数说明：head，图书链表
//返回值：0

int recoverbox_to_shelf(Book *head)
{

    Book *pp,*kk;
    char delid[10];
    if(head==NULL)
    {
        printf("\n 图书链表为空！请返回重新操作!");
        Sleep(2000);
        return 0;
    }
    kk=head;
    printf("回收站中的图书信息:\n");
    see_recoverbox(kk);
    printf("\t|----------|----------|----------|----------|----------|----------|\n");
    printf("下面开始恢复删除的图书!\n");
    Sleep(1000);
    inputs("请输入你要恢复的图书编号:",delid,10);
    pp=head;
    while(pp!=NULL)
    {
        if(delid=="")break;
        if(0==strcmp(pp->id,delid)&&pp->del==0)
        {
            pp->del=1;

        }

        pp=pp->next;

    }
    printf("\n 图书已恢复!\n");
    printf("按任意键返回主菜单......");
    getche();
```

```
    return 0;
}

//函数功能：一次性还原所有回收站中的图书
//参数说明：head，图书链表
//返回值：0

int recoverall_to_shelf(Book *head)
{
    char rec;
    Book *p;
    if(head==NULL)
    {
        printf("\n 图书链表为空！请返回重新操作!");
        Sleep(2000);
        return 0;
    }
    rec=' ';
    printf("你确定要恢复所有图书:\n\t(1).按任意键继续\n\t(2).按 n 返回\n");
    rec=getche();
    if(rec=='n')return 0;
    printf("开始恢复......");Sleep(500);
    printf("\n\n 正在恢复……");Sleep(500);
    printf("…");Sleep(500);
    printf("…");Sleep(500);
    p=head;
    while(p!=NULL)
    {
        if(p->del==0)
        {
            p->del=1;
        }
        p=p->next;
    }
    printf("\n\n 恢复成功！ ");
    Sleep(1000);
    printf("\n 按任意键返回......");
    getche();
    return 0;
}

//函数功能：一次性删除回收站中的所有需要删除的图书信息
//参数说明：head，图书链表
//返回值：返回删除了信息后的图书链表
```

```
Book *empty_recoverbox(Book *head)
{
    char emp;
    int i,j;
    Book *p,*q,*k;
     if(head==NULL)
    {
        printf("\n 图书链表为空！请返回重新操作!");
        Sleep(2000);
        return NULL;
    }
    k=head;
    i=0;

    i=see_recoverbox(k);
    printf("\t|----------|----------|----------|----------|----------|----------|\n");
    if(i==0)
    {
        printf("\nNo books in the recover box!");
        return NULL;
    }
    emp=' ';
    printf("你确定要删除所有这些信息,删除后不可恢复?\n\t(1).任意键继续\n\t(2).按 n 返回\n");
    emp=getche();
    if(emp=='n')return 0;
    printf("下面开始删除......\n\n");
    Sleep(1000);
    printf("正在删除……");
    Sleep(1000);
    printf("…");Sleep(1000);printf("…");
    for(j=1;j<=i;j++)
    {
        p=q=head;

        while(p!=NULL)
        {
            if(p->del==0)
            {
                if(p==head)
                {
                    head=p->next;
                }
                else
```

```
                {
                    q->next=p->next;
                }
            }
            q=p;
            p=p->next;
        }
    }
    Sleep(1000);
    printf("\n 删除成功！\n 按任意键返回主菜单......");
    getche();
    return (head);
}

//函数功能：查看回收站里的图书
//参数说明：head，图书链表
//返回值：回收站里的图书数量
int see_recoverbox(Book *head)
{
    int i;
    Book *p;
    i=0;
    if(head==NULL)
    {
        printf("\n 图书链表为空！请返回重新操作!");
        Sleep(2000);

        return 0;
    }
    p=head;
    printf("回收站里的图书信息:\n\n");
    printf("\t|---编号---|---书名---|---作者---|---价格---|---出版---|---数量---|\n");
    while(p!=NULL)
    {
        if(p->del==0)
        {
            printingoodway(p->id,p->name,p->author,p->price,p->publisher,p->amount);
            i++;
        }
        p=p->next;
        if(i>10&&i%10==0)
        {
            printf("\n 按任意键查看下一屏......\n");
            getche();
```

```
        }
    }
    printf("\t|----------|----------|----------|----------|----------|----------|\n");

    getche();
    return i;
}


//函数功能：读取文件至链表
//参数说明：无
//返回值：返回一个图书链表

Book *datafile_to_booklist()
{
    FILE *fp;
    Book *head,*b,*c;
    char filename[51];
    inputs("请输入文件名(例如 c:\\books.txt):",filename,50);
    if((fp=fopen(filename,"rb"))==NULL)
    {
        printf("文件无法打开！\n");
        Sleep(1000);
        return NULL;
    }
    b=(Book *)malloc(sizeof(Book));
    if(!b)
    {
        printf("内存不足！程序即将关闭\n");
        Sleep(1000);
        exit(0);
    }
    head=b;
    while(!feof(fp))
    {
        if(1!=fread(b,sizeof(Book),1,fp))
            break;
        b->next=(Book *)malloc(sizeof(Book));
        if(!b->next)
        {
            printf("内存不足！程序即将关闭\n");
            Sleep(1000);
            exit(0);
        }
```

```
            c=b;
            b=b->next;
        }
        c->next=NULL;
        fclose(fp);
        printf("\n\n 正在读取文件......");
        Sleep(1000);
        printf("...");
        Sleep(1000);
        printf("...");
        Sleep(1000);
        printf("...");
        Sleep(1000);
        printf("…");
        Sleep(1000);
        printf("\n\n 读取文件成功！按任意键返回主菜单！");
        getche();
        return head;

    }

    //函数功能：保存信息至文件
    //参数说明：head，图书链表
    //返回值：0
    int booklist_to_datafile(Book *head)
    {
        Book *ff;
        FILE *pf;
        char filename[51];
        if(head==NULL)
        {
            printf("\n 图书链表为空！请返回重新操作!");
            Sleep(1000);
            return 0;
        }
        inputs("请输入文件名(c:\\books.txt):",filename,50);
        if((pf=fopen(filename,"wb"))==NULL)
        {
            printf("文件无法打开！\n");
            Sleep(1000);
            return 0;
        }
        printf("正在保存文件…");
        Sleep(1000);
```

```
    printf("…");
    Sleep(1000);
    printf("…");

    ff=head;
    while(ff!=NULL)
    {
        fwrite(ff,sizeof(Book),1,pf);
        ff=ff->next;
    }
    fclose(pf);
    printf("\n 恭喜，保存文件成功！ \n");
    printf("\n 按任意键继续......");
    getche();
    return 0;

}

//函数功能：初始化链表
//参数说明：无
//返回值：一个空图书链表
Book *init()
{
    printf("\n\n 初始化成功!\n\n 按任意键继续......");
    getche();
    return NULL;
}

//函数功能：菜单项
//参数说明：无
//返回值：用户的选择（整型值）
int menu()
{
    int hh;
    int me;
    char s[3];
    char *menu[]={
        "图书模块:1.初始化图书链表",
          "\n\t 2.创建图书链表",
          "\n\t 3.查找某一本图书",
          "\n\t 4.查看所有图书信息",
          "\n\t 5.添加图书记录",
          "\n\t 6.修改图书记录",
          "\n 回收站:   7.查看回收站",
```

```
            "\n\t 8.放入回收站",
            "\n\t 9.恢复已删图书",
            "\n\t 10.恢复所有已删图书",
            "\n\t 11.清空回收站",
            "\n 学生模块:12.初始化学生链表",
            "\n\t 13.查看某个学生信息",
            "\n\t 14.添加学生",
            "\n\t 15.学生借书",
            "\n\t 16.查看学生链表",
            "\n\t 17.学生还书",
            "\n\t 18.对学生链表排序",
            "\n 文件操作:19.读取文件至图书链表",
            "\n\t 20.保存图书链表至文件",
            "\n\t 21.退出系统"
    };
    for(me=0;me<21;me++)
        printf(menu[me]);
    do
     {
        printf("\n 请选择操作(1-21):");
        scanf("%s",s);
        hh=atoi(s);
     }while(hh<1||hh>21);
     return (hh);
}

//函数功能：欢迎界面
//参数说明：无
//返回值：0
int welcome()
{
    printf("\n\n\n\t\t\t 欢迎进入图书管理系统！");
    Sleep(1000);
    return 0;
}

//函数功能：退出界面
//参数说明：无
//返回值：0
int welcomeback()
{
    int i;
    printf("\n\n\n\n\n\t\t\t 谢谢使用！");
    printf("\n\n\n\t 正在退出系统……");
```

```
    Sleep(1000);
    for(i=0;i<5;i++)
    {
        printf("…");
        Sleep(500);
    }
    return 0;
}

//初始化学生链表
Stu *s_init()
{
    printf("\n\n 初始化成功!\n\n 按任意键继续......");
    getche();
    return NULL;
}

//显示功能信息界面
int help()
{
    int i;
    char *advices[]={
        "\n 这个系统的功能有以下:"
            ,"(1)建立一个在线图书馆,管理员可以添加|修改|删除图书(内建了回收站功能)"
            ,"(2)先把要删的书放入回收站,然后再决定是否删除图书"
            ,"(3)建立了学生信息库,学生可以注册|借书|还书|查看自己的借阅情况"
            ,"(4)文件操作,你可以保存图书信息到文件,也可以从一个已知的文件中读取图书信息"
            ,"(5)退出系统"
    };
    for(i=0;i<6;i++)
    {
        printf("%s\n",advices[i]);
    }
    puts("请按任意键继续......");
    getche();
    return 1;
}



//主程序入口
main()
{   Stu *shead;
    Book *head;
```

```
    head=NULL;
    shead=NULL;
    welcome();                                          //欢迎界面
    help();                                             //使用说明界面
    for(;;)
    {    switch(menu())
       {    //图书模块
       case 1:head=init();break;                        //初始化图书链表
       case 2:head=create();break;                      //创建图书链表
       case 3:b_search(head);break;                     //查找某一本书
       case 4:print(head);break;                        //查看所有图书信息
       case 5:head=insert(head);break;                  //添加图书记录
       case 6:modify(head);break;                       //修改图书记录
          //回收站模块
       case 7:see_recoverbox(head);break;               //查看回收站
       case 8:shelf_to_recoverbox(head);break;          //放入回收站
       case 9:recoverbox_to_shelf(head);break;          //恢复已删图书
       case 10:recoverall_to_shelf(head);break;         //恢复所有已删图书
       case 11:head=empty_recoverbox(head);break;       //清空回收站
          //学生模块
       case 12:shead=s_init();break;                    //初始化学生链表
       case 13:s_search(shead);break;                   //查看某个学生信息
       case 14:shead=s_insert(shead); break;            //添加学生
       case 15: {s_borrow(head,shead);break;}           //学生借书
       case 16:{s_print(shead);break;}                  //查看学生链表
       case 17:{b_back(head,shead);break;}              //学生还书
       case 18: { shead=s_sort(shead);                  //对学生链表排序
                   printf("\n 排序成功!");
                  s_print(shead);
                  Sleep(1000);break; }
          //文件操作模块
       case 19:head=datafile_to_booklist();break;       //读取文件至图书链表
       case 20:booklist_to_datafile(head);break;        //保存图书链表至文件
          //退出系统
       case 21: return 0;
       }
    }
}
```